肉羊生产技术问答

田可川　张果平　刘桂芬　主编

中国农业大学出版社
·北京·

图书在版编目(CIP)数据

肉羊生产技术问答/田可川,张果平,刘桂芬主编.--北京:中国农业大学出版社,2021.12

ISBN 978-7-5655-2705-0

Ⅰ.①肉⋯ Ⅱ.①田⋯ ②张⋯ ③刘⋯ Ⅲ.①肉用羊-饲养管理-问题解答 Ⅳ.①S826.9-44

中国版本图书馆 CIP 数据核字(2021)第 262213 号

书　　名	肉羊生产技术问答		
作　　者	田可川　张果平　刘桂芬　主编		
策划编辑	刘　聪	责任编辑	刘　聪
封面设计	郑　川		
出版发行	中国农业大学出版社		
社　　址	北京市海淀区圆明园西路 2 号	邮政编码	100193
电　　话	发行部 010-62733489,1190	读者服务部	010-62732336
	编辑部 010-62732617,2618	出　版　部	010-62733440
网　　址	http://www.caupress.cu	**E-mail**	cbsszs@cau.edu.cn
经　　销	新华书店		
印　　刷	北京时代华都印刷有限公司		
版　　次	2021 年 12 月第 1 版　　2021 年 12 月第 1 次印刷		
规　　格	130 mm×185 mm　　32 开本　　3.75 印张　　75 千字		
定　　价	18.00 元		

图书如有质量问题本社发行部负责调换

编写人员

主　编　田可川　张果平　刘桂芬

编　者　（按姓氏笔画排序）

　　　　毛艺静　田可川　刘　静　刘桂芬

　　　　吴翠玲　何军敏　张果平　魏　晨

前　　言

我国养羊历史悠久，肉羊品种资源丰富，饲料饲草资源充足，发展肉羊养殖具有得天独厚的条件。改革开放以来，我国养羊业有了长足的发展，肉羊的饲养量和出栏量、羊肉产量等均居世界第一位。目前，我国肉羊生产方式具有规模小、饲养水平不高、良种化程度低等问题，在一定程度上制约了我国养羊业的发展。为了提高我国肉羊养殖水平、普及肉羊养殖先进技术、提高养殖人员知识水平，我们组织了理论知识和实践经验丰富的专家，结合多年生产实践，收集整理了当前肉羊养殖的先进技术成果，编写成本书。

本书以问答的形式介绍了肉羊生产过程中常见的关键技术问题，包括肉羊品种选择、繁殖技术、营养需要、日粮加工调制、饲养管理、羊场建设、疾病防治、屠宰加工等，对每个问题做出了简明扼要的解答。问题的提出和解答都遵循科学性、针对性、实用性和可操作性的原则，力求内容全面新颖，技术简明实用，语言通俗易懂，具有较高的指导意义和实用价值。本书可供从事肉羊养殖的企业、专业户、畜牧兽医技术人员、科研人员以及农业院校畜牧专业的师生参阅使用。

由于作者水平有限，本书存在疏漏、不足与欠妥之处在所难免，敬请广大读者批评指正。

编　者
2021 年 11 月

目　　录

第一章　肉羊繁育 …………………………………………… 1

　　1.肉羊纯种繁育的原则有哪些? ……………………… 1

　　2.肉羊为什么要进行血液更新? ……………………… 1

　　3.品种选育有哪些常用做法? ………………………… 2

　　4.肉羊杂交育种有哪些方法? ………………………… 3

　　5.怎样选择优秀种公羊? ……………………………… 5

　　6.怎样对种羊生产性能进行鉴定? …………………… 6

　　7.肉羊选种时应注意哪些问题? ……………………… 6

　　8.怎样建立种公、母羊档案? ………………………… 7

　　9.怎样对羔羊进行断奶鉴定? ………………………… 7

　　10.肉羊如何进行选配? ………………………………… 8

　　11.肉羊有哪些选配方法? ……………………………… 8

　　12.肉羊养殖户如何选择配种公羊? …………………… 9

　　13.肉羊性成熟与初配年龄应多大? …………………… 9

　　14.肉羊配种时间如何确定? …………………………… 10

　　15.怎样识别肉羊母羊发情? …………………………… 10

　　16.影响母羊发情的因素有哪些? ……………………… 11

　　17.影响肉羊繁殖力的因素有哪些? …………………… 12

　　18.肉羊自然交配的好处与不足有哪些? ……………… 14

　　19.开展肉羊人工授精有哪些好处? …………………… 15

　　20.如何调教种公羊? …………………………………… 15

21. 如何进行人工授精器械消毒？·············· 15

22. 如何制备假阴道？注意事项有哪些？······· 16

23. 如何采精？·································· 16

24. 怎样检查精液品质？······················· 17

25. 如何对精液进行稀释和保存？·············· 17

26. 怎样制作冷冻精液？如何保存？············ 19

27. 怎样对冻精解冻？························· 19

28. 如何给母羊输精？·························· 20

29. 影响肉羊配种受胎率的因素有哪些？········ 21

30. 母羊的发情控制技术有哪些？·············· 23

31. 怎样确认母羊已经妊娠？妊娠期一般多少天？··· 24

32. 如何预防母羊习惯性流产？················ 25

第二章 肉羊饲料的配制 ····················· 26

33. 肉羊的营养需求特点是什么？·············· 26

34. 肉羊的饲料来源有哪些？·················· 27

35. 怎样利用秸秆喂养肉羊？·················· 27

36. 糠麸类饲料有何营养特点？················ 28

37. 饼粕类饲料(蛋白质饲料)有何营养特点？··· 29

38. 肉羊常用的精饲料有哪些？在饲料配合中有哪些
注意事项？································· 30

39. 肉羊的精饲料如何加工？·················· 31

40. 如何收集储备优质干草？每只肉羊需要储备多少
干草？···································· 33

41. 青干草品质优劣如何鉴定？················ 34

42. 怎样制作肉羊的青贮饲料？················ 35

43. 青贮饲料的品质如何鉴定？················ 36

44. 如何科学饲喂青贮饲料？ …………………………………… 37

45. 肉羊常用的多汁饲料有哪些？怎样喂饲？ ………… 38

46. 肉羊能利用哪些糟渣类饲料？怎样利用？ ………… 39

47. 紫花苜蓿如何利用？ …………………………………………… 39

48. 如何给肉羊补充钙和磷？ ………………………………… 39

49. 怎样满足肉羊对食盐的需求？ ………………………… 40

50. 怎样合理利用棉籽饼和棉籽壳？ ……………………… 41

51. 肉羊的日粮如何配制？ ……………………………………… 41

第三章　肉羊的饲养管理 ……………………………………… 42

52. 种公羊如何饲养管理？ ……………………………………… 42

53. 母羊如何饲养管理？ …………………………………………… 43

54. 羔羊如何饲养管理？ …………………………………………… 47

55. 育成羊如何饲养管理？ ……………………………………… 48

56. 如何判断母羊即将产羔？ ………………………………… 48

57. 母羊难产怎么办？ ……………………………………………… 49

58. 对"假死"羔羊怎样处理？ ………………………………… 50

59. 如何移除母羊胎衣？ …………………………………………… 50

60. 如何对初生羔羊进行护理？ ……………………………… 51

61. 如何对羔羊进行寄养？ ……………………………………… 51

62. 如何给羔羊人工辅助哺乳？ ……………………………… 52

63. 如何对羔羊进行补饲？ ……………………………………… 52

64. 划区轮牧有什么好处？ ……………………………………… 53

65. 放牧管理的最基本要求是什么？ ……………………… 54

66. 四季放牧应注意什么？ ……………………………………… 55

67. 如何判断肉羊的年龄？ ……………………………………… 56

68. 羔羊去势的方法有哪些？ ………………………………… 57

69.羔羊如何断尾？ ……………………………………… 58

70.如何给肉羊修蹄？ …………………………………… 59

71.如何给羔羊去角？ …………………………………… 60

72.肉羊剪毛基本操作步骤是什么？ …………………… 61

73.肉羊药浴注意事项有哪些？ ………………………… 63

74.肉羊有哪些保定方法？ ……………………………… 63

75.肉羊饮水应注意什么问题？ ………………………… 64

第四章　肉羊场的规划建设 ………………………… 65

76.选择羊舍地址时应注意什么？ ……………………… 65

77.羊场功能区如何划分？ ……………………………… 66

78.怎样设计羊舍？ ……………………………………… 67

79.塑料棚舍有哪些注意事项？ ………………………… 69

80.北方地区有哪些羊舍类型？ ………………………… 69

81.南方地区有哪些羊舍类型？ ………………………… 70

82.羊场的消毒要点是什么？ …………………………… 71

83.怎样无害化处理羊粪和羊尿？ ……………………… 73

第五章　肉羊的疫病防治 …………………………… 75

84.怎样给肉羊投药？ …………………………………… 75

85.怎样给肉羊打针？ …………………………………… 76

86.肉羊有哪些常见疾病？ ……………………………… 77

87.如何应对突发性重大传染病？ ……………………… 77

88.肉羊的主要传染病免疫程序是什么？ ……………… 77

89.口蹄疫如何预防？ …………………………………… 79

90.羊口疮如何预防？ …………………………………… 79

91.炭疽病如何预防？ …………………………………… 82

92.如何预防羊传染性胸膜肺炎？ ……………………… 82

93. 如何防治羔羊肺炎？ ·············· 84

94. 肉羊寄生虫病的综合防治措施有哪些？ ··· 85

95. 如何对肉羊进行驱虫？ ·············· 86

96. 肝片吸虫病如何防治？ ·············· 87

97. 如何防治脑棘球蚴病？ ·············· 87

98. 如何防治疥癣？ ·················· 88

99. 如何治疗腐蹄病？ ················ 89

100. 肉羊瘤胃臌气是怎么回事？ ········· 90

101. 瘤胃积食如何防治？ ·············· 91

102. 尿结石症的发病原因及治疗方法是什么？ ·· 93

103. 如何防治羔羊白肌病？ ·············· 94

104. 如何防治羊乳腺炎？ ·············· 95

105. 怎样无害化处理病、死羊？ ········· 97

106. 如何识别病羊？ ·················· 98

第六章　肉羊的屠宰加工 ··············· 101

107. 肉羊如何屠宰？ ·················· 101

108. 肉羊胴体一般分割成几部分？ ········· 102

109. 肉羊胴体分级标准是什么？ ········· 103

110. 羊肉如何保鲜和贮藏？ ·············· 105

参考文献 ·························· 106

第一章

肉 羊 繁 育

1. 肉羊纯种繁育的原则有哪些?

①选择优秀的公羊个体,并扩大其利用率。

②对不良个体进行严格淘汰。

③避免不必要的亲缘繁育,对有特殊优点的种公羊要及时建立品系。

④保证纯种繁育羊群的营养需要。

⑤实行良种登记制度,防止不合格种羊参与配种和野交乱配。

⑥适当引入外血进行导入杂交。

2. 肉羊为什么要进行血液更新?

血液更新是指从外地(或与本场羊群无血缘关系的外场)

引入同品种的优秀公羊来更新本场羊群中所使用的公羊,引进新的遗传基因资源。当出现下列情况时可考虑血液更新,以弥补原羊场肉羊品种单一的不足,提高其品种质量。

(1)出现近交危害

羊群小、长期封闭繁育和近交程度过高造成羊的生活力下降。

(2)性状较稳定并难以提高

羊群的整体生产性能达到一定水平,但性状选择空间变小,靠本场公羊难以再提高。

(3)生产性能出现退化

经过长期纯种繁育,羊群在生产性能或体质外形等方面出现某些退化。

3.品种选育有哪些常用做法?

现常用的品种选育法主要用于地方优良品种的选育,它是通过品种内的选择、淘汰,加上合理的选配和科学的饲养管理等手段,达到提高整个品种质量的目的。根据多年经验,要想成功地进行本地品种选育,基本做法如下:

①全面摸清本地品种现状,制定品种选育计划。

②选育工作应以品种中心产区为基地,以被选品种的代表性产品为重点,制定科学的品种选育标准、鉴定标准和鉴定分级方法。

③严格按品种标准,分阶段地制定科学合理的选育目标、

任务和实施方案。

④为了加速选育进程和提高选育效果,凡进行本品种选育的地方良种,都应组建选育核心群或核心场。

⑤为了充分调动品种产区群众对选育工作的积极性,可以考虑成立品种协会,其任务是组织和辅导选育工作,负责品种良种登记,推动本品种选育工作的进行。

4. 肉羊杂交育种有哪些方法?

杂交是指两个或两个以上不同品种或品系间公、母羊的交配。在品种改良和新品种培育过程中,杂交是应用最广泛的有效方法。常用的杂交方法有以下四种:级进杂交、育成杂交、导入杂交和经济杂交。杂交可利用杂种优势,增大遗传变异和降低近交系数。

(1)级进杂交

指两个品种杂交,即以同一种优良品种公羊连续同被改良品种母羊及各代杂种母羊交配的方法,至少杂交 4 代以上才能达到效果。当需要从根本上改良一个生产性能低下的品种或想获得某个特别优秀品种性能的后代,可使用级进杂交的方法。

(2)育成杂交

指利用两个或两个以上各具特色的品种,进行不同品种间的杂交,从而培育新品种的杂交方法。只用两个品种进行杂交称为简单育成杂交;用两个以上品种进行杂交称为复杂育成杂交。育成杂交的主要目的是将两个或两个以上品种的优良遗传特性和生产性能集中到杂种后代身上,同时克服杂交亲本的缺点和不足,最终培育出一个新的品种。在复杂育成杂交中,各品种在育成新品种中起的作用和影响有主次之分,这要根据育种目标和在杂交过程中杂种后代的具体表现而定。育成杂交一般分为杂交改良、横交固定和发展提高3个阶段。

(3)导入杂交

指少量引入外血以改进品种质量的杂交。当一个品种基本上符合生产需要,但在生产性能的个别方面存在不足,用纯种繁育不易克服,或者用纯种繁育难以提高品种质量时,可采用导入杂交的方法。导入杂交的结果是原品种外血含量达到1/4 或 1/8。导入杂交时,要求所用导入品种必须与被导入品种的生产方向一致。

(4)经济杂交

指利用两个或两个以上品种进行杂交,产生杂种后代并进行商品生产,而不是为了生产种羊。其目的是利用杂种优势来改进繁殖力、成活率和总生产力。肉羊商品化生产尤其是大规模肥羔生产中,广泛地应用经济杂交最为有效,可极大地提高经济效益。进行经济杂交时应考虑以下几个方面:

①生产目的。如果主要目的是生产肥羔,品种选择的要求是母羊的繁殖力高、母性好、性成熟早和羔羊生长发育速度快、饲料报酬高、羔羊肉品质好。

②杂交方法。经济杂交效果的好坏,必须通过品种间的杂交组合试验来确定,获得最大杂种优势的组合为最佳组合。在肉羊生产中常用二元杂交、三元杂交、四元杂交和轮回杂交。

③饲养管理。加强杂种后代的饲养管理是使杂种后代具有的遗传潜力得到最大程度发挥以及最终获得最大经济效益的关键所在。

5. 怎样选择优秀种公羊?

主要根据个体表型、系谱选择、后代品质等方面来对种公羊进行选择。

(1)个体表型

依据肉羊的外形表现和生产性能,通过鉴定选出体型外貌符合品种标准的优秀个体。所选种羊的重要生产性能应优于群体平均值。

(2)系谱选择

根据肉羊种羊父母代或同胞、半同胞的生产性能,选留优秀公羊作为种用。如果种羊祖父母、父母或其同胞、半同胞兄妹的初生重和断奶重较大,生长发育快,繁殖力高,产肉量高,肉品质好,那么其本身的性能也很可能良好。

(3)后代品质

通过后裔测验和系谱考查得出结论。如果种羊后代生长发育快、繁殖力高、产肉量高、肉品质好,基本上可以推断该种

羊的生产性能良好,遗传比较稳定。

6.怎样对种羊生产性能进行鉴定?

①评定种羊应依据其品种来源使用相应的鉴定标准。

②评定种羊应采取个体鉴定的方式,在种公、母羊或指定做后裔测验的母羊及其羔羊中逐只进行,并逐一做好个体鉴定记录。

③种羊评定的年龄范围包括断奶、周岁及成年。断奶鉴定可以作为早期选种的参考,而最基本的是周岁的鉴定。对育成阶段定为特等和一级的种公、母羊,在其2岁时复查鉴定一次,以决定其终生等级。成年种公羊还应每年鉴定一次。

④种羊通常在断奶、周岁和2周岁时鉴定。

7.肉羊选种时应注意哪些问题?

(1)肉羊体质

结实的体质是保证羊只健康及充分发挥品种所固有的生产性能和抵抗不良环境条件的基础。在肉羊杂交育种过程中,随着杂交代数的增加,如果不注意选种选配和相应地改善饲养管理条件,再加上不适当的亲缘繁殖,有可能造成杂种后代体质纤弱、生活力下降、生产性能低和适应性差。因此,在选种时应注意选择体质结实的肉羊。

(2)性状相关性

肉羊的许多性状之间都存在着一定的相关性,将选种时应综合考虑,以免顾此失彼。

（3）选择强度和选择差

选择强度指留种的百分比例。在进行育种的羊群中,如果留种的比例小,淘汰的比例就大,选择强度就大;而选择强度大,选择差就大,选择进展就快。选择差是一个羊群在选择前后某个选育性状的表型值之差。选择效果在下一代表现出来的反应,称为选择反应,或称选择进展量。选择进展量在一个世代里,取决于性状的选择差、遗传力和选择强度。

8. 怎样建立种公、母羊档案?

种羊卡片包括四部分内容:生产性能和鉴定成绩、谱系、历年配种情况及后裔品质、历年体重记录。谱系来源包括父母、祖父母和外祖父母的编号及主要生产性能。

在种羊场购买良种羊时,必须要求带有种羊卡片。种羊卡片是种羊的档案材料,从卡片的记录中可以了解种羊的品种、来源、生产性能、鉴定记录,以及繁殖和生产情况。

种母羊卡片除谱系和鉴定成绩外,还应记录种母羊历年的产羔成绩和体重。

9. 怎样对羔羊进行断奶鉴定?

在羔羊断奶分群时,应进行断奶鉴定,主要对羔羊体型外貌、体质类型、体格大小、生长速度做出评定,定出等级。

凡体型外貌符合品种标准、体质结实、个体大、发育良好的个体列为一级。体质稍弱、体格大或中等者列为二级。体质较弱、体格略小者列为三级。不符合以上各级要求的列为四级。

经过断奶鉴定的羔羊,应按性别和鉴定等级分群。羔羊断奶分群时,在进入育种的场、户和承包单位前,应做好个体编号。

10. 肉羊如何进行选配?

肉羊选配时,一般根据母羊个体或等级群的综合特征,为其选择最适宜的公羊进行配种,以获得品质较为优良的后代。

肉羊的选配原则:用最好的公羊选配最好的母羊,公羊的品质和生产性能必须高于母羊;品质不是很好的母羊,也要尽可能与较好的公羊交配,使后代性状得到一定程度改善;具有某种缺点如凹背或体质柔弱的母羊,不能用有相反缺点,如凸背和体质羸弱的公羊配种,而应该用背部平直和体质结实的公羊配种。

11. 肉羊有哪些选配方法?

选配基本上可分为品质选配和亲缘选配两种。品质选配着重考虑交配双方品质的异同,亲缘选配着重考虑交配双方的血缘关系。

(1)品质选配

品质选配分为同质选配和异质选配。同质选配就是选用性状相同、性能一致的优秀公、母羊交配,以期获得具有双亲优良性状的后代。异质选配时应选择具有不同优点的公、母羊,让后代结合双亲的优点,或者是用公羊的优点纠正或克服交配母羊的缺点,使后代更接近于理想型。异质选配可分为个体选配和等级选配。

(2)亲缘选配

亲缘选配是指具有一定血缘关系的公、母羊之间的交配。近交是指亲缘关系近的个体间的交配。凡所生子代的近交系数大于 0.78％的,或交配双方到其共同祖先的代数的总和不超过 6 代的,称为近交;反之,则为远交。

12. 肉羊养殖户如何选择配种公羊?

肉羊配种中,要求主配公羊生产性能优良、体质健壮、性欲旺盛,具有较好繁殖遗传力,生产性能不低于与之相配的母羊及母羊群。

13. 肉羊性成熟与初配年龄应多大?

①肉羊的性成熟期一般为 5～10 月龄,同时和体重有关,一般性成熟的羊体重为成年羊体重的 40％～60％。此外,其受品种遗传、气候、营养因素的影响而表现略有差异。

②肉羊的初配年龄多为 12～15 月龄。根据经验,以羊的体重达到成年体重的 70％时进行第一次配种较为适宜。

14. 肉羊配种时间如何确定?

肉羊的配种时间应根据当地的自然条件和饲养管理条件来确定。肉羊配种后145～155天产羔。配冬羔应在7月底8月初进行,配早春羔应在9月中旬进行,配晚春羔应在10月中旬进行,11月底结束。一般条件好的地方提倡生产冬羔,在7～8月份给羊配种,此时母羊膘好,发情明显,排卵较多,易受胎,胎儿发育好,初生羔羊大,母羊奶汁多,羔羊易成活,到春天羔羊已能充分采食,可以当年出栏。条件差的地方,则以生产春羔(9月份以后给母羊配种)为宜。

15. 怎样识别肉羊母羊发情?

(1)外部观察

肉羊母羊的发情期短,外部表现不太明显,主要表现为兴奋活跃;食欲减退,反刍和采食时间明显减少;频繁排尿,并不时地摇摆尾巴;母羊出现相互爬跨、打响鼻等一些公羊的性行为;并接受外部抚摸按压及其他羊的爬跨,表现为静立不动、温驯等。

(2)阴道检查

将开腔器插入母羊阴道,通过观察阴道黏膜、分泌物及子宫颈口的变化来判断母羊是否发情。如果母羊出现阴道黏膜潮红充血,黏液增多,子宫颈松弛等症状,可以判定母羊已发情。

（3）公羊试情

用公羊对母羊进行试情,根据母羊对公羊的行为反应,结合外部观察来判定母羊是否发情。肉羊安静发情较多,常采取公羊试情的方法来鉴别母羊是否发情,把试情公羊(图 1-1)放入母羊群,如果母羊已发情便会接受试情公羊的爬跨。

图 1-1 绑试情布的试情公羊

发情鉴定可以及时发现发情母羊和判定其发情阶段,令母羊在排卵受孕的最佳时期输精或交配,从而提高羊群的受胎率。

16. 影响母羊发情的因素有哪些?

（1）光照

光照时间的长短变化对肉羊的性活动有较明显的影响。一般来讲,由长日照转变为短日照的过程中,随着光照时间的缩短,母羊更容易发情。

（2）温度

温度对肉羊发情的影响与光照相比较为次要,但一般高

温条件会推迟羊的发情。

（3）营养

肉羊在进入发情季节之前,采取催情补饲、加强营养的措施,可以促进母羊的发情和排卵;良好的营养条件有利于维持生殖激素的正常水平和功能,使母羊提早进入发情期。

（4）生殖激素

母羊的发情表现和发情周期受内分泌生殖激素的控制,其中起主要作用的是脑垂体前叶分泌的促卵泡素和促黄体素两种物质。

17. 影响肉羊繁殖力的因素有哪些?

繁殖力受遗传、环境和饲养管理水平等多种因素的影响,而环境和饲养管理水平的影响因素可分为季节(温度、光照)、营养、配种技术等方面。

（1）遗传的影响

品种不同,繁殖力也不同,同一品种不同个体之间产羔率也有很大的差别,产羔率高的群体产羔率可达 300% 以上,而产羔率低的群体产羔率只有 150% 左右。因此,在选育过程中应选留产羔率高的群体和个体,以提高其繁殖性能。

（2）季节的影响

季节通过温度和光照来影响羊的繁殖力。秋冬季节是最佳繁殖季节,发情明显,受胎率高;而在高温的夏季,母羊发情表现不明显,发情率低,公羊性欲差,精液品质差,配种后母羊受胎率低。

（3）营养的影响

营养好坏对繁殖力有重要影响。营养不足会延迟青年羊初情期和性成熟的到来,对成年羊会造成安静排卵或不发情,甚至配种后胚胎死亡的问题。对公羊来说,营养不足会造成精液品质下降、性功能减退的问题。营养过剩也会影响卵子发育和精子的形成,从而影响母羊的正常发情和排卵,使公羊精液质量下降,性欲低下,母羊受胎率降低。

（4）配种时间和技术的影响

精子和卵子的存活时间有限,适时配种（排卵前 12～15 小时）是提高受精率的重要举措。另外人工授精时,技术人员的水平,管理人员在发情鉴定、适时配种、产后管理、生殖疾病处理等方面的能力也非常影响母羊的繁殖力。

（5）年龄与健康状况的影响

种公羊 5～6 岁以后,精液的数量、质量逐渐下降。随着年龄的增长,种公羊会出现繁殖障碍、性欲减退、睾丸变性等问题,精液质量严重下降,并慢慢失去爬跨能力。母羊 2～5 岁是最佳繁殖年龄,5 岁以后生殖功能下降,生殖器官老化、病变,生殖激素分泌减少,发情不明显,卵子质量下降,受胎率降低甚至屡配不孕,死胎增加,哺乳羔羊能力下降。

（6）哺乳的影响

母羊产后出现发情的时间与新生羔羊的哺乳有很大的关

系,产后带羔的母羊,发情延迟,而产后和羔羊分开的母羊,发情较早。在生产实践中,羔羊及早断奶,或将母羊和羔羊分开饲养,可以促使母羊产羔后及早发情,提高其繁殖能力。

18. 肉羊自然交配的好处与不足有哪些?

自然交配是按一定公、母比例,将公羊和母羊同群放牧饲养,一般公、母比例为1∶(15~20)。这种方法对居住分散的家庭小型牧场很适合,优点是可以节省大量的人力物力,也可以减少发情母羊的失配率。自然交配的不足之处包括:

①公、母羊混群放牧饲养时,在配种发情季节,性欲旺盛的公羊经常追逐母羊,影响母羊采食和抓膘。

②公羊交配需求量相对较大,一头公羊负担15~30头母羊,不能充分发挥优秀种公羊的作用。特别是在母羊发情集中季节,无法控制交配次数,公羊体力消耗很大,会降低配种质量,也会缩短公羊的利用年限。

③由于公、母羊混杂,无法进行有计划的选种选配,会使后代血缘关系不清,且易造成近亲交配和早配,从而影响羊群质量,甚至引起品种退化。

④不能记录确切的配种日期,也无法推算母羊分娩时间,给产羔管理造成困难,易造成妊娠母羊意外伤害和流产。

⑤由生殖器官接触传播的传染病不易预防控制。

19. 开展肉羊人工授精有哪些好处？

①可充分发挥优良种公羊的种用价值和配种效率。

②借助器械可减少母羊生殖道传染病发生机会。

③能克服公、母羊体格差异过大造成的配种困难。

④可以利用冷冻精液配种，克服时间和空间的限制，对加速肉羊品种改良具有重要作用。

⑤可减少种公羊的饲养头数，节省劳力、饲料，从而节约开支。

20. 如何调教种公羊？

经过精液鉴定，确定供人工授精用的种公羊后，在使用它们前应按以下三个步骤调教：

①在采精固定地点与发情母羊交配数次，以增强其性欲。

②制作假母羊。用木架裹草，缝上羊皮制作假母羊，在假母羊尾部涂上发情母羊分泌物，供采精公羊鼻嗅数次，以刺激性欲。

③先用发情的台羊让其爬跨数次，采精1～2次，将公羊牵至别处，换上假母羊进行采精，如此数次，即成习惯。

21. 如何进行人工授精器械消毒？

①假阴道、内胎依次用温开水、0.9％氯化钠液冲洗，再用干净纱布擦净后，分别用75％酒精棉球消毒和95％酒精棉球擦拭。

②开膣器、镊子、输精器和各种玻璃器材依次用温开水洗

净,再用高压锅消毒半小时,灭菌后将其取出放在瓷盘内,用纱布盖好。输精时开膣器在 0.9％氯化钠液内浸后再用。每输一只母羊,开膣器和输精器须用脱脂棉擦净,在 0.3％高锰酸钾液内浸泡 3 分钟,然后再依次用温开水、0.9％氯化钠液冲洗。输精器内的精液用完后,输精器内外依次用 0.9％氯化钠液、75％酒精冲洗和消毒,下次用前再用 0.9％氯化钠液冲洗五遍。

③盖玻片、载玻片用温开水、0.9％氯化钠液冲洗后,用干净纱布包好,再用高压锅高压灭菌。

④凡士林连罐置于水中煮沸消毒 30 分钟;氯化钠液现用现配,装瓶后在水中煮沸消毒 15 分钟。

22. 如何制备假阴道？注意事项有哪些？

假阴道由外壳、内胎、漏斗、集精杯等安装组成。这一装置要持续引起公羊射精的适宜温度、压力和滑润感;温度由灌注 50～55℃的温水调节,采精时假阴道的温度为 39～42℃。压力可借注入的水量和吹入的空气调整。然后用消过毒的玻璃棒蘸上凡士林,均匀地涂抹假阴道内胎的一半,以增加其润滑度。凡是和精液可能接触的器械、器皿均应消毒处理,使用前用生理盐水再冲洗一遍。

23. 如何采精？

采精员位于台羊右侧,右手持假阴道与台羊平行,和公羊阴茎伸出的方向倾斜度一致。在公羊爬跨台羊向前作"冲跃"

动作时,采精员左手四指并拢握住包皮,将阴茎导入假阴道内,切不可抓握阴茎伸出的部分,否则会刺激阴茎立即缩回或在阴茎进入假阴道前引起射精。公羊爬跨迅速,射精也快,采精员应注意配合公羊的动作。待射精完毕,立即将集精杯一端竖直向下,先放去假阴道内胎的气,然后取下集精杯,送往精液处理室进行精液品质检查。

在配种季节,公羊每天可采精 2～3 次,每周采精最多可达 25 次。但每周最好让公羊休息 1～2 天。

24. 怎样检查精液品质?

采集的精液可用眼看、鼻嗅和显微镜检查。采精后立即将公羊品种、耳号、射精量,精子密度、色泽、活力,采精日期、时间记入表内。肉眼观察,正常精液呈乳白色,云雾状,上下翻腾,运动不停。鼻嗅略有腥味。

一般用 300～600 倍显微镜检查精液品质。在室温 18～25℃ 的条件下,用清洁的吸管或玻璃棒蘸取一滴精液滴在载玻片中央,再盖上盖玻片,然后放于镜下检查。一是检查精液密度(图 1-2),分为密、中、稀、无四等。二是检查精子活力,100% 的精子呈前进式活动,评为 5 分;80%、60%、40%、20% 的精子呈前进式,分别评为 4、3、2、1 分。

25. 如何对精液进行稀释和保存?

(1)常温下,常见稀释液包括以下 3 种:

①生理盐水稀释液:用 0.9% 生理盐水作稀释液,这种溶

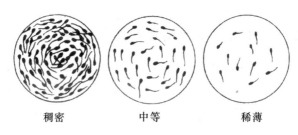

稠密　　　　　　中等　　　　　　稀薄

图 1-2　精液密度等级

液稀释法简单易行,稀释后马上输精,效果更好。但这种稀释液的稀释倍数不宜超过原液的 2 倍。

②葡萄糖卵黄稀释液:于 100 毫升蒸馏水中加葡萄糖 3 克,柠檬酸钠 1.4 克,溶解后过滤灭菌,冷却至 30℃,加新鲜卵黄 20 毫升,充分混合后使用。

③牛奶(或羊奶)稀释液:用新鲜牛奶(或羊奶)以脱脂纱布过滤,蒸气灭菌 15 分钟,冷却至 30℃,吸取中间奶液即可作稀释液用。

每毫升稀释液应加入 500 单位青霉素和链霉素,调整溶液的 pH 为 7.0 后使用。稀释应在 25～30℃ 温度下进行,稀释后的精液须经过检查,方可用于输精。

(2)常见的保存方法

在实践中,可采用常温保存、低温保存和冷冻保存等措施,抑制精子的运动和呼吸,降低能量消耗。

26.怎样制作冷冻精液？如何保存？

精液用乳糖稀释液(11％乳糖 75 毫升,卵黄 20 毫升,甘油 5 毫升)按 1：(1～3)稀释后放入冰箱中,在 3～5℃经 3～4 小时降温至平衡。然后用注射器将精液分装入聚氯乙烯细管或安瓿瓶中,将管或瓶放入冰箱,再把精液放在液氮上部的挥发气中(－80℃左右)冷冻,或把降温平衡后的精液在 －80℃液氮纱网上滴冻成颗粒。经冷冻处理的精液在超低温条件下(－196℃)可长年保存不变质。

27.怎样对冻精解冻？

(1)湿解冻法

将 2.9％柠檬酸钠(又称解冻液)注入灭菌试管,70～75℃水浴加热,取颗粒精液 1～2 枚放入试管中晃动,当尚有残留未融化的冰块(如绿豆粒大小)时迅速取出,用手摇动试管至完全融化。

(2)干解冻法

将颗粒精液 1～2 枚置于灭菌小试管内,然后 75～80℃水浴解冻。镜检精子活力在 0.3 以上即可用于输精。

安瓿瓶冷冻精液解冻时,将其投入 40℃左右的温水中,不停地摇动,促其融化。当大部分精液融化时,即可从温水中取出进行检查。细管冷冻精液解冻时,同样可投入 40℃左右的温水中,也能迅速解冻,经 10～20 秒钟后即可取出镜检。

28. 如何给母羊输精？

输精是在母羊发情期的适当时期,用输精器械将精液送进母羊生殖道的操作过程,它是人工授精的最后一个技术环节,也是保证配种较高受胎率的关键。

（1）输精方法

①开膣器输精。用开膣器将待配母羊的阴道扩开,借助手电光等寻找子宫颈,然后把输精器的导管插进子宫颈口,将精液注射进子宫颈内。

②细管输精。输精时先剪开细管的一端,由于空气的压力,管内的精液不会外流。将剪开的一端缓慢地插入阴道内约 15 厘米,再将细管的另一端剪开,细管内的精液便自动流入母羊阴道内。使用这种方法输精,应抬高母羊的后躯或将母羊倒提,以防止精液倒流。

（2）输精剂量

一般每次为 0.05～0.1 毫升,高倍（3～4 倍）稀释的精液应适当加大输精量。精液的有效精子数应保证在 0.5 亿以上。若是冻精,剂量适当增加,有效精子数应保证在 0.7 亿以上。

（3）输精次数

一般为 1～2 次,重复输精的间隔时间为 8～10 小时。

29. 影响肉羊配种受胎率的因素有哪些?

(1)影响精液品质的因素

精液品质是影响受胎率的直接因素,有条件的地方,每隔1周对公羊的精液进行一次品质检查,人工输精时应对精液抽样检查,以防止劣质精液影响受胎率。

①健康状况。发育良好、体质健壮是优良种公羊应具备的条件之一,身体瘦弱或过度肥胖者,其性欲和精液品质必然降低。

②营养情况。给公羊喂给充足、优良的饲草饲料,是公羊能够产生品质良好的精液的必要条件。

③公羊年龄。刚性成熟的幼年公羊,性功能正在继续发育,所产精液品质逐渐提高。壮年公羊性功能完善,所产精液品质最好。老龄公羊性功能逐渐衰退,所产精液质量逐渐降低,直至失去繁殖能力。

④配种季节。不同的季节和自然环境对公羊精液品质也有一定的影响。在气温低的配种季节,公羊的性欲旺盛,射精量高,精子密度大,畸形精子少;而在气温高的季节,则精液品质较差。气温变化剧烈,如气温突然下降,又伴有冷风,对公羊的性欲和精液品质有明显的不良影响。

⑤交配次数。交配次数与每次交配间隔时间对公羊的健康、性欲和精液品质都有很大影响。交配次数过多会使公羊的性欲和精液品质下降。

⑥运动状况。适当的运动可以增进公羊的健康,对公羊的性欲和精液品质均有促进作用。缺乏运动的公羊体质虚弱,精神不好,性欲不强,精液品质下降;但过量的运动又会使公羊体力消耗过大,从而影响性欲和精液品质。

（2）影响精子活力和生存力的因素

①温度。温度对精子活力和生存力影响很大。在寒冷季节或气候比较寒冷的地区进行人工授精时,要特别注意室内温度,一定要使操作环境的温度保持在 18～25℃之间。

②渗透压。只有在等渗溶液中才能保持精子正常的生活能力。因此,在人工授精过程中配制稀释液时,所有药物必须称量准确,并在整个操作中防止水分混入精液。

③pH。精子一般在 pH 约 7.0 时最为活泼,而且存活最久。在高于或低于最适 pH 时,活力会受到影响。

④光线。精子暴露于日光下,会由于温度的升高而缩短寿命。

⑤振动。振动对精子有害,所以在精液的处理和运输过程中应尽量避免振动。

⑥尿液。尿液对精子的运动和生存极其有害,因此在采精时应尽可能防止尿液混入精液。

⑦药物。许多消毒药物对精子有害,所以在整个人工授精过程中,器械消毒后,必须用生理盐水或稀释液充分冲洗,以免损害精子,影响人工授精效果。使用适量抗生素能防止精液腐败。

⑧气体。氧能旺盛精子的呼吸作用,酒精、乙醚等挥发性气体,以及香烟燃烧产生的气体对精子有害,故在人工授精操作过程中应注意避免有害气体,并严禁吸烟。

⑨其他。糖对精子活力起良好保护作用,卵黄中的卵磷脂能保护精子免受低温打击。

（3）输精技术

①输精时间。不应过早或过晚,一般在发现母羊发情后10～18小时输精可以得到理想效果。子宫颈黏液是否发生变化是能否输精的标志,理想的输精时间应为宫颈黏液变浑浊、呈奶酪状时。

②输精剂量。原精输精量为 0.05～0.1 毫升,稀释后的精液输精量应为 0.2～0.3 毫升,进行阴道输精时,剂量再适当加大。

③输精技术。子宫颈输精法受胎率高于阴道输精法,操作熟练程度也是影响受胎率的重要因素。

30. 母羊的发情控制技术有哪些?

母羊的发情控制技术是生产过程中经常使用的重要技术之一。发情控制技术是指利用激素或其他方法控制母羊的发情时间,包括同期发情技术和诱导发情技术。

（1）同期发情技术

同期发情又称同步发情,即通过某些外源激素处理,人为干预母羊自然发情周期,使母羊群在预定的 2～3 天时间内集

中发情。同期发情可为开展大批量的人工授精或胚胎移植创造条件,便于大规模集约化生产和管理。同期发情技术主要有两种途径:一种是通过抑制卵泡和发情的制剂延长发情周期;另一种是用抑制黄体促进发情的制剂缩短发情周期,通常有阴道栓塞法、口服法、埋植法和其他类似方法。

（2）诱导发情技术

诱导发情是指通过使用外源生殖激素、改变环境气候、断奶、性刺激等方法诱导处于乏情期或患有繁殖障碍的母羊发情,使母羊提前配种受孕,从而缩短母羊产羔间隔,提高繁殖力,增加产羔数。其技术方法与同期发情方法相似,不同之处在于,同期发情是针对群体,而诱导发情是针对个体。

31. 怎样确认母羊已经妊娠？妊娠期一般多少天？

配种后的母羊应尽早进行妊娠诊断,发现空怀母羊,及时采取补配措施。判断方法如下:

①母羊配种后2～3周不再发情,初步断定已经妊娠。

②母羊妊娠2～3个月时,用手触摸腹下可探到乳房前有硬块。这时母羊食欲良好,毛色发亮,身体显示肥胖状态。妊娠4～5个月时,腹内胎儿生长发育快,母羊腹部大,肷窝下陷,乳房增大,行动小心缓慢,性情温驯。这个阶段要加强营养,防止流产。

③母羊的妊娠期为145～155天,平均为150天。

对已受孕的母羊应加强饲养管理,避免流产,也可以提高羊群的受胎率和繁殖率。

32. 如何预防母羊习惯性流产?

有些母羊配种后虽然能受精怀孕,但易发生习惯性流产,配种后可用黄体酮治疗,效果极好。黄体酮能使子宫黏膜松软,便于受精卵着床,并抑制子宫活动,使胚胎能安全生长,适用于习惯性流产、先兆性流产的母羊。黄体酮 10～20 毫克,在母羊配种后第 4 天,一次性肌内注射,口服无效。忌用量过大,否则不但起不到安胎作用,反而会引起母羊流产。

第二章

肉羊饲料的配制

33. 肉羊的营养需求特点是什么？

肉羊的维持营养包括碳水化合物、蛋白质、矿物质、维生素、水等。

（1）碳水化合物

碳水化合物是肉羊日粮的主体。肉羊依靠瘤胃微生物的发酵,将碳水化合物转化为挥发性脂肪酸,以满足机体对能量的需要。

（2）蛋白质

蛋白质是肉羊羊体组织生长和修复的重要原料,离开了蛋白质,生命就无法维持。

（3）矿物质

为维持正常的代谢活动，肉羊需要一定的矿物质。日常饲养中必须保证一定水平的矿物质。肉羊最易缺乏的矿物质是钙、磷和钠，此外还应补充必要的矿物质微量元素。

（4）维生素

肉羊在维持饲养时也要消耗一定的维生素，必须由饲料中补充，特别是维生素 A 和维生素 D。在肉羊的冬季日粮中搭配一些胡萝卜或青贮饲料，能保证肉羊对维生素的需求。

（5）水

提供充足、卫生的饮水，是肉羊正常生产和生存的重要条件。

34. 肉羊的饲料来源有哪些？

肉羊饲料的 99％ 为植物性饲料，包括各种牧草、作物秸秆、作物籽实及各种农副产品。另有少量动物性饲料，包括鱼粉、骨粉、贝壳粉、羽毛粉、血粉、肉骨粉等。

35. 怎样利用秸秆喂养肉羊？

（1）秸秆饲料种类

肉羊能利用的秸秆类饲料主要包括玉米秸、稻草、麦秸、谷草、豆秸、花生藤、甘薯藤及其他蔓秧等。

（2）饲喂方法

将秸秆和牧草粉碎，按秸秆粉 2/3、牧草粉 1/3 混合，用

35～40℃温水拌湿、上堆,加盖塑料薄膜,发酵 20～24 小时,当草堆内温度达到 43～45℃、能闻到曲香味时,即发酵成功。以后每次制作都要留些发酵好的草粉作引子,这样可以缩短发酵时间。饲喂前可适当加些微量元素、盐、精饲料、胡萝卜,拌匀饲喂。每次做的发酵草粉应在 1～2 天内喂完,以免发霉变质。

36.糠麸类饲料有何营养特点？

糠麸类饲料是谷物的加工副产品,制米的副产品称为糠,制粉的副产品称作麸。糠麸类饲料的营养特点为:

①无氮浸出物比谷实要低,占 40%～50%,与豌豆、蚕豆相近。

②粗蛋白质的含量与质量,均居于豆科籽实与禾本科籽实之间。

③粗纤维含量比籽实多,约占 10%。

④米糠中含较多脂肪,约占 10%。

⑤矿物质含量中,磷的含量较多(1%以上),钙的含量很少(约为 0.1%)。

⑥维生素 B_1、烟酸等的含量较丰富。

同原材料相比,糠麸类饲料的氮浸出物含量较低,而其他各种营养成分含量普遍高于原料,特别是粗蛋白质、矿物质和维生素的含量较高,是肉羊很好的饲料来源之一。常用的糠麸类饲料有麦麸、米糠、稻糠、玉米糠。

麦麸适口性好,质地蓬松,营养价值高,使用范围广,并对肉羊有轻泻作用。其粗蛋白质的含量在 11%～16%,含磷多、含钙少,维生素的含量也较丰富。在夏季可适当多喂些麸皮,清热泻火。由于麦麸含磷多,采食过多会引起尿道结石,特别是公羊表现比较明显。麦麸在饲料中的用量一般控制在 10%～15%,公羔的用量要少些。

37. 饼粕类饲料(蛋白质饲料)有何营养特点?

饼粕类饲料是富含油的籽实加工榨取植物油的副产品,含粗蛋白 30%～45%,粗纤维 6%～17%,所含矿物质中一般磷多于钙,富含 B 族维生素,但胡萝卜素含量较低,适口性较好,能量也高。肉羊的一般日粮中蛋白质的需求量不大,但蛋白质饲料对于羔羊生长发育期、母羊妊娠前的营养需求特别重要。饼粕类饲料主要包括豆饼(粕)、棉籽饼(粕)、菜籽饼(粕)、葵花籽饼(粕)等。

(1)豆饼(粕)

含粗蛋白质 40% 以上,在肉羊的日粮中添加量不要超过 20%。

(2)棉籽饼(粕)

去壳压榨或浸提的棉籽饼含粗纤维 10% 左右,粗蛋白 32%～40%;带壳的棉籽饼含粗纤维高达 15%～20%,粗蛋白 20% 左右。棉籽饼中含有游离棉酚等毒素,长期大量饲喂(日喂 1 千克以上)会引起中毒,羔羊日粮中添加量一般不超过 20%。

（3）菜籽饼（粕）

含粗蛋白质 36% 左右,矿物质和维生素比豆饼丰富,含磷较高,含硒量比豆饼高 6 倍。菜籽饼中含芥子毒素,羔羊、孕羊最好不喂。

（4）葵花籽饼（粕）

葵花籽去壳压榨或浸提的饼粕粗蛋白质达 45% 左右,能量比其他饼粕低;带壳饼粕含粗蛋白质 30% 以上,粗纤维 22% 左右,饲喂肉羊营养价值与棉籽饼相近。

38. 肉羊常用的精饲料有哪些？在饲料配合中有哪些注意事项？

肉羊常用的精饲料有玉米、高粱、黄豆、豆饼（粕）、葵花籽饼（粕）、棉籽饼（粕）、燕麦、麸皮等。

①玉米适口性好,易消化,是能量饲料,含淀粉 70% 以上,还含有少量脂肪及胡萝卜素,是很好的补饲饲料。

②高粱也是一种能量饲料,含淀粉也多,其他养分比玉米差些。因含有鞣酸,适口性较差,若长期饲用应和其他精饲料搭配。

③黄豆是很好的蛋白质补充饲料,含蛋白质 36.9%,而且脂肪含量也较高。大豆中含抗胰蛋白酶物质,喂前必须煮熟,以免影响蛋白质吸收。最好制成豆浆喂哺乳母羊,还有豌豆、黑豆、秣食豆也都是肉羊的蛋白质饲料。

④豆饼(粕)含蛋白质 30％以上,营养物质齐全,营养价值高,做蛋白质补充饲料比大豆经济适用。

⑤葵花籽饼(粕)含有较多的蛋白质,有香味,是适口性较好的蛋白质饲料。

⑥棉籽饼(粕)含有较为丰富的蛋白质,品质也较好,同时还含有相当丰富的维生素 B 及维生素 E。缺点是它含有有毒物质棉酚,故在饲喂时,一是不可多喂,二是喂前应蒸煮,并与其他饲料混拌,以免中毒。

⑦燕麦营养价值高,含蛋白质较多,具有质地轻、含粗纤维多的特点,易消化,多食也不会发生消化障碍。

39. 肉羊的精饲料如何加工?

为提高肉羊对精饲料的利用率,肉羊生产中常将精饲料进行适当的加工调制。主要的加工调制方法有粉碎、压扁、颗粒化、浸泡、煮蒸、炒焙、糖化、发酵以及过瘤胃保护处理等。

(1)粉碎与压扁

粉碎是精饲料最常用的加工方法,籽实类饲料(如大麦、玉米、高粱等)粉碎后能提高饲料消化率,粉碎粒径 1~2 毫米时饲喂效果较佳。压扁是将谷物用水蒸气加热到 120℃左右,再用压扁机压成 1 毫米厚的薄片,迅速干燥。由于压扁谷物饲料中的淀粉经过了加热糊化,所以饲喂的肉羊消化率明显提高。

(2)颗粒化

将精饲料粉碎后,用颗粒机制成颗粒状饲料,饲喂方便、适口性好,可防止羊挑食。肉羊采食量大,咀嚼时间长,有利于消化吸收,提高饲料利用率,减少饲料浪费。

（3）浸泡

豆类、油饼类、谷物等饲料经浸泡、吸收水分、膨胀软化,更易于羊咀嚼,便于羊消化,如豆饼、棉籽饼等。浸泡方法是在容器内把饲料用水拌匀,一般料水比为 1:（1～1.5）,以手握饲料指缝渗出水滴为准,不必考虑温度高低。浸泡的时间应根据季节和饲料种类的不同而异,以不引发饲料变质为宜。

（4）煮蒸与炒焙

这两种配制方法适用于豆类饲料。经蒸煮、炒焙后的饲料,其蛋白质和淀粉的利用率更高。此外,炒焙可以使饲料产生一种清香的气味,提高适口性,增进家畜食欲,增加采食量。

（5）糖化与发酵

糖化适用于含淀粉的饲料,其中所含的淀粉能充分地转化为糊精和麦芽糖,含量可从 1% 增长为 10%。糖化后的饲料有甜味,肉羊很喜欢吃。发酵可以改善适口性,并增加 B 族维生素的含量,提高消化率和粗蛋白质的利用率,最终提高饲料的利用率。

（6）过瘤胃保护

过瘤胃保护就是将饲料营养成分（如蛋白质、脂肪等）经过技术处理保护起来,避免在瘤胃内发酵降解,而直接进入小肠被吸收利用。过瘤胃蛋白质可以弥补肉羊育肥微生物蛋白质的不足,补充过瘤胃淀粉和脂肪都能促进肉羊的快速育肥。

40. 如何收集储备优质干草? 每只肉羊需要储备多少干草?

野生牧草刈割后经风、日光等自然干燥制成的干草,成本低,制作简便,容易贮藏且营养价值较好。其营养价值因干草的组成、刈割时期和晒制保存方法而有很大差异,即使是同样的干草,因调制方法不同营养价值的差别也很大。

(1)刈割

确定合理的刈割期,刈割过早,产草量降低,过晚则牧草的粗蛋白质含量逐渐降低,粗纤维含量显著增加。禾本科牧草适宜的刈割期是抽穗期,而豆科牧草则为现蕾期至初花期,刈割时一般留茬 5～8 厘米,有利于牧草继续生长。

(2)晒制干草

根据当地气候条件,选择晴天进行。刈割后牧草就地平摊,晴天晾晒 1 天,叶片凋萎,含水量为 45％～50％时,集成高约 1 米的小堆,经过 2～3 天,当禾本科牧草揉搓草束发出沙沙声,叶卷曲,茎不易折断;豆科牧草叶、嫩枝易折断,弯曲茎易断裂,不易用手指甲刮下表皮时,即含水量为 18％左右,运回羊圈附近堆垛贮存,运送豆科牧草最好利用早晨时间。在晒制豆科牧草时,避免叶子的损失是至关重要的。晒制时避免雨水淋湿、霉变,以保证干草的质量,堆垛后应特别注意

草垛不要被水渗入,以防干草腐烂发霉。

（3）储备量

干草的储备量可以按平均每只羊全年 200 千克计算,越冬期长的地方每只还可以增储 50～100 千克。

41. 青干草品质优劣如何鉴定?

青干草品质优劣可根据干草的营养成分及其消化率、颜色、气味、叶片含量、刈割时期和含水量综合评定。

（1）颜色与气味

颜色是反映青干草品质优劣最明显的标志。优质青干草颜色呈绿色,绿色越深,营养物质损失越少,所含可溶性营养物质越多,品质越好。适时刈割的干草都具有浓郁的芳香气味,否则说明品质不佳。

（2）叶片含量

干草中叶片的营养价值较高,所含矿物质、蛋白质比茎秆多 1.0～1.5 倍,比胡萝卜素多 10～15 倍,比纤维素少 1～2 倍,消化率高 40%。干草中叶片含量越多,品质越好。优质豆科牧草干草中叶片含量应占干草总重的 50% 以上。

（3）刈割时期

适时刈割是影响干草品质的重要因素。初花期或初花期以前刈割,干草中含有花蕾,未结实花序的枝条较多,叶量也多,茎秆质地柔软,适口性好,品质佳。

（4）含水量

干草含水量应为 15％～18％，过高不宜贮存。将干草束握紧或搓揉时无干裂声，干草拧成草辫，松开时干草能散开但散开不完全，用手指弯曲茎上部分不易折断，为适宜含水量。

42. 怎样制作肉羊的青贮饲料？

肉羊能利用的青贮饲料原料有玉米秸、向日葵、黍属作物、豆科牧草、禾本科牧草、杂草和野草等。

（1）适时刈割

玉米秸的收贮时间，一是看籽实成熟程度——乳熟早，糊熟迟，蜡熟正当时；二是看青黄叶比例——黄叶差，青叶好，各占一半就嫌老；三是看玉米生长天数，一般中熟品种 110 天就基本成熟，应该刈割青贮。

（2）晾晒

若刈割后的青贮原料水分含量较高，可适当摊晒 2～6 小时，使水分含量降低到 65％～70％。

（3）切短

青贮前用铡草机将青贮草切短，玉米秸 1～2 厘米，鲜地瓜秧和苜蓿草 2～4 厘米，切得越短，装填时压得越结实，可缩短青贮过程中微生物有氧活动的时间。此外，青贮原料切得较短，有利于挖取，便于采食，减少浪费。

（4）装窖

切短后的青贮原料及时装入青贮窖内,可采取边切短、边装窖、边压实的办法。装窖时,每装 20～40 厘米就要踩实一次,特别要注意踩实青贮窖的四周和边角。若有两种以上的原料混合青贮时,应把切短的原料混合均匀装入窖内。检查原料的含水量,水分适当时,用手紧握原料,手指缝露出水珠而不往下滴。

（5）封顶

青贮原料在装窖数天后仍会下沉,为此,青贮原料装满后,还需再继续装至高出窖的边沿 40～60 厘米,然后用整块塑料薄膜封盖,再在其上盖上一层 5～10 厘米厚铡短的湿麦秸或稻草,最后用泥土压实,泥土厚度 30～40 厘米,并把表面拍打光滑,窖顶隆起成馒头形状。

43. 青贮饲料的品质如何鉴定?

青贮饲料品质的优劣与青贮原料的种类、刈割时期以及青贮技术、青贮设施等都有密切的关系。青贮饲料质量的优劣,可通过"一闻二看三摸"等综合评定。

（1）闻气味

优质的青贮料具有芳香的酒糟味或山楂糕味,酸味浓而不刺鼻,给人以舒适的嗅感,手摸后味道容易洗掉。而品质不好的青贮饲料黏到手上的味道,一次不易洗掉。中等品质的青贮饲料具有刺鼻酸味,芳香味轻,还可以饲喂牲畜,但不适宜饲喂妊娠母畜。品质低劣的青贮饲料,有如厩肥一样的臭味,说明已霉坏变质,这种青贮饲料只能作肥料,不可饲喂羊只。

（2）看颜色

青贮饲料的颜色因所用原料和调制方法的不同而有差异。如果原料新鲜、嫩绿,制成的青贮料是青绿色;如果所用原料是农副产品或收获时已部分发黄,则制成的青贮料是黄褐色,总的原则是越接近原料的颜色越好。品质好的青贮料,颜色一般呈绿色或茶绿色、黄绿色,具有一定光泽;中等品质的呈黄褐色或暗绿色,光泽差;品质低劣的则呈褐色(在高温条件下青贮的饲料呈褐色)或灰黑色,甚至像烂泥一样的深黑色。

（3）摸质地

良好的青贮料,压得非常紧密,但拿到手上又很松散,质地柔软、较湿润,茎叶多保持原来状态,茎叶轮廓清楚,叶脉和绒毛清晰可见;相反,青贮料黏结成一团,像污泥一样,或者质地软散,或者干燥而粗硬,或者发霉结成干块,说明青贮料的品质低劣。

44.如何科学饲喂青贮饲料?

（1）驯养饲喂

方法如下:在肉羊空腹时先喂少量的青贮饲料,再喂其他饲料;或者将少量青贮饲料与精饲料混合后饲喂,然后再喂其他饲料;或者将青贮饲料放在饲槽的底层,上层放常喂饲料,让肉羊逐渐适应其气味;或者将青贮饲料与其他常用草料搅拌均匀后饲喂。

（2）饲喂量

在驯饲的基础上,青贮饲料的用量可由少到多逐渐增加。因青贮饲料含大量的有机酸,有轻泻作用,对患有胃肠炎的羊及临产母羊要少喂或不喂。青贮饲料酸度大会影响种公羊精液品质,因此种公羊也以少喂为宜。日喂量为成年羊4～5千克,羔羊400～600克。要以质定量,品质好的青贮饲料可以多喂一些,反之则应少喂。铡得过细的青贮饲料对羊反刍不利,要与优质干草结合起来饲喂,青贮饲料应在白天饲喂,以防有膀气现象发生。

（3）合理搭配

青贮饲料虽然是一种优质饲料,但必须按羊的营养需要与精饲料或其他饲料合理搭配饲喂。饲喂用无机酸添加剂处理的青贮饲料时应给肉羊补钙。

45. 肉羊常用的多汁饲料有哪些？怎样喂饲？

肉羊常用的多汁饲料有胡萝卜、甘薯、马铃薯、甜菜、芜菁甘蓝、萝卜、西葫芦、南瓜及青贮饲料、大麦芽等。这类饲料含水分多,松脆多汁,含有丰富的维生素和糖类,粗纤维少,适口性好,容易消化,能促进泌乳,增进健康,是肉羊越冬期间不可缺少的饲料。饲喂时,应先洗净,切成小块,或切成片状、丝状,块大时容易造成食道梗塞。染有黑斑病的甘薯和发芽的马铃薯不能喂肉羊,否则容易使肉羊发生黑斑病中毒或龙葵素中毒。

46. 肉羊能利用哪些糟渣类饲料? 怎样利用?

糖饴渣、甜菜渣、酒糟、啤酒糟、豆腐渣、酱渣、粉渣等肉羊都能很好利用。糖饴渣中的干物质含量为 22%～28%,饲喂时应逐渐增加用量,让肉羊适应。甜菜渣易引起羊下泻,应控制饲喂量。酒糟刚出厂时含水量很高,为 64%～76%,为了便于保存,常常晒干或青贮。豆腐渣、酱渣、粉渣这些副产品水分含量高,不易贮藏,尽可能使用新鲜原材料。豆类中含有抗胰蛋白酶和使肉羊产生甲状腺肿的物质——皂素与血凝集素等物质,使用时最好经适当的热处理。

47. 紫花苜蓿如何利用?

紫花苜蓿为豆科多年生牧草,营养丰富,适口性良好,对肉羊来说是良好的蛋白质和维生素补充饲料。可以鲜喂,也可以调制青贮、干草,加工草块、草颗粒和草粉,用苜蓿草粉代替秸秆育肥羔羊,日增重可提高 75%。用苜蓿青草喂肉羊时,应控制采食量,以防止瘤胃膨气。

48. 如何给肉羊补充钙和磷?

在放牧季节里肉羊能够采食大量青绿饲料,植物的种类多,营养成分比较全,钙、磷的含量能满足肉羊生长发育和生产的需要,一般情况下不需额外补充。但是当肉羊处于妊娠、

哺乳或是舍饲、半舍饲喂养时,则需要补充钙、磷。如种公羊每日补饲骨粉5～10克,其他羊3～5克,混在精饲料中喂给。凡不补充精饲料的羊,可用由盐、常量元素和微量元素制作的舔食砖让肉羊自由舔食。

49. 怎样满足肉羊对食盐的需求？

食盐(氯化钠)是肉羊饲料中不可缺少的部分,适量饲喂能维持肉羊体内正常的水盐代谢,并可增进食欲和胃肠活动,有助于肉羊对蛋白质的消化和利用,给肉羊喂食盐的方法有以下几种:

①将食盐拌入精饲料中,每日定量饲喂。这种方法常用于种羊或经济价值较高的羊。种公羊每天喂8～10克,成年母羊每天喂3～5克。

②将食盐化成水放于槽内,让肉羊饮用;或将盐放入竹筒内,加少量水,使盐水渗透在竹筒外结成盐霜,让肉羊舔食;或将盐块放在槽内,让肉羊自由舔食。

③定期炒盐喂羊,饲喂量和次数根据季节、气候、牧草质量和肉羊的大小、肥瘦而定。先将盐炒黄(成年羊炒嫩一些,小羊炒焦一些),加水继续炒,铲起来化成水,然后将切碎的草料(麦秸、绿豆荚壳或其他干草均可)放进锅里,撒上盐水充分拌匀,炒干,让盐在草上结成盐霜。把盐、草混合炒好以后,带至放牧地,待肉羊放牧到半饱,将盐草倒在草地上分成小堆喂。盐草吃完后再放牧片刻,然后才能赶肉羊去饮水。每次喂盐以后,肉羊更爱吃草,枯草、老草都爱吃,对抓膘有利。

春、秋季,每 7～10 天喂盐 1 次,每次每只羊 6～10 克(小羊减半);冬季每半个月喂盐 1 次,每次每只羊 10～15 克(小羊减半);伏天每 7 天喂盐 1 次,每次每只羊 10～15 克。

50. 怎样合理利用棉籽饼和棉籽壳?

棉籽饼中含有 22%～50% 的粗蛋白质,但同时也含有棉酚等毒性物质,一般给羊饲喂的棉籽饼和棉籽壳不到日粮的 20%。用棉籽饼喂羊时,必须先脱毒。

脱毒方法:①每 100 千克棉籽饼用 0.2%～0.4% 硫酸亚铁溶液 2～3 千克,在榨油过程中将上述硫酸亚铁均匀地喷洒在棉籽饼中即可脱毒;②用 0.5%～1.0% 硫酸亚铁溶液浸泡棉籽饼 24 小时后,连水一起喂羊,脱毒率为 50%～90%;③将棉籽饼蒸煮 2～3 小时可脱毒;④棉籽饼中加入 1.0% 硫酸亚铁和 1.5% 氢氧化钙混匀,在 15℃ 条件下作用 4 小时也可脱毒。

51. 肉羊的日粮如何配制?

配合日粮的关键是合理制定和调整日粮配方,基本原则是在满足羊的不同营养需要的前提下,制定出成本最低的饲料配方。肉羊日粮的干物质采食量一般为体重的 3%～4%,构成日粮的各种饲料的干物质总量,应控制在羊的有效采食量的范围内。饲料体积过大或水分含量过高时,应考虑补喂一定的混合精饲料。以放牧饲养为主时,肉羊的日补饲量＝肉羊的日需要总量－肉羊的日放牧采食量。

第三章

肉羊的饲养管理

52. 种公羊如何饲养管理?

种公羊数量少,但种用价值高,对后代影响大,故在饲养上要求比较精细。应常年保持健壮的体况,营养良好而不过肥,这样才可保证在配种期性欲旺盛,精液品质优良,提高种公羊的利用率。

(1)非配种期的饲养管理

非配种期的种公羊,除应供给足够的热量外,还应注意补充足够的蛋白质、矿物质和维生素。每天应补喂混合精饲料0.5千克,胡萝卜0.5千克,食盐10克,骨粉5克,并要满足优质青干草的供给。

（2）配种期的饲养管理

配种期的种公羊,为保证在配种季节有良好的种用体况和配种能力,在进入配种期前 1~1.5 个月,就应加强营养。在一般饲养管理的基础上,逐渐增加精饲料的供应量,蛋白饲料的供应量为配种期标准的 60%~70%。配种期每日喂混合精饲料 0.8~1.5 千克,胡萝卜 1 千克,食盐 15 克,骨粉 10克,青干草适量。配种期结束后的公羊,主要在于恢复体力,增膘复壮,日粮标准和饲养制度要逐渐过渡到正常饲喂,不能变化太大。

53. 母羊如何饲养管理？

依据母羊一年中的生理特点和生产期的不同,将其饲养分为配种准备期、妊娠前期、妊娠后期、围产期、哺乳前期和哺乳后期 6 个阶段。

（1）配种准备期的饲养管理

母羊的配种准备期,应加强抓膘,采用饲喂优质牧草、适时喂盐、满足饮水等措施。配种前 2~3 周,除青干草外,每日喂混合精饲料 0.2~0.4 千克,具有明显的催情效果,可使母羊发情整齐。

（2）妊娠前期的饲养管理

妊娠开始后的前 3 个月,胎儿发育较慢,所需营养无显著增多,管理上要避免吃霜草和霉烂饲料,不饮冰水。防止母羊受惊猛跑,以免母羊流产。

（3）妊娠后期的饲养管理

妊娠后期的 2 个月中,胎儿发育速度很快,90％的初生重在这个阶段完成。为保证胎儿的正常发育,并为产后哺乳储备营养,应加强母羊的饲养管理。对冬春季产羔的母羊,在放牧的基础上,每天要供给混合精饲料 0.3～0.5 千克,胡萝卜 0.5 千克,食盐 10 克,骨粉 5～10 克及适量的优质干草,使母羊体重每日增加 170～190 克。对秋季产羔的母羊,除加强放牧外,应根据体况适当补饲少量混合精饲料、食盐和骨粉等。

母羊妊娠后期,管理上也要格外留心,把保膘保胎作为管理重点,紧紧抓住一个"稳"字:出入圈要稳,防止相互拥挤造成流产;饲喂要稳,不要挤撞;饮水要稳,不急饮,不饮冰碴水;不吃霜草。冬季圈舍要注意保暖防风,温度不低于 5℃。由于妊娠后期羊腹围明显增大行动不便,故圈舍要宽敞,不拥挤,通风良好。

（4）围产期的饲养管理

围产期是指母羊分娩前一周到产后一周。围产期管理是指产前、产时和产后的一段时间内,对母羊、胎儿和新生羔羊进行一系列的管理工作,使母羊健康,使胎儿、新羔羊的成长发育得到很好的保护。围产期饲养管理的目的是降低羔羊及母羊的发病率和死亡率。

①预防流产。妊娠母羊严禁饲喂发霉变质的饲草饲料,不饮冰冻水和不洁水。在放牧时做到慢赶,不打冷鞭,防惊吓,不跳沟,不走冰滑地,出入圈防拥挤,不无故惊扰羊群,及

时阻止角斗,以防造成流产。

②做好接产准备。母羊妊娠后期和分娩前的管理要特别精心。一般要准确掌握妊娠母羊的预产期,提前做好接产准备。应对羊舍和分娩栏进行一次大扫除、大消毒,修好门窗,堵好风洞,备足褥草等。

③防止母羊产前或产后瘫痪。当母羊怀 3 羔及多羔,或年老体弱,或日粮中不能提供大量能量时,极易导致母羊产前或产后瘫痪,产弱羔甚至死胎。预防办法是在妊娠后期将可能出现瘫痪的母羊单独饲养,把日粮中能量或谷实类饲料的喂量比平时提高 50% 以上,同时添加磷酸氢钙 15 克、食盐 10 克拌料。出现症状的用红糖 30~50 克和麸皮 100~150 克,开水冲后调温,让病羊饮用。

④把握接产时机。母羊临产前 1 周左右不得远牧,应在羊舍附近做适量的运动,以便分娩时能及时赶回羊舍。母羊欣窝下陷,腹部下垂,乳房胀大,阴门肿胀流黏液,独卧墙角,排尿频繁,时起时卧,不停回头望腹,发出鸣声,都是母羊临产前的表现。接产后应给母羊及时饮红糖麸皮水,生火驱寒,促使母羊尽快舔干羔羊身上的黏液,尽快给羔羊吃上初乳。产羔母羊与羔羊应在背风、朝阳,铺有垫草的栏内活动。

⑤管理上做到"六净"。"六净"即料净、草净、水净、圈净、槽净、羊体净。同时要供给充足的饮水。圈舍要勤换垫草,经常打扫,污物要及时清除,保持圈舍清洁、干燥、温暖。定期消毒,以减少疾病的发生。

⑥适当运动。产后1周要让带羔母羊适当运动,到比较平坦的地方放牧吃草、晒太阳,母羊和羔羊放牧时间要由短到长,距离由近到远,要特别注意天气变化时将其及时赶回羊圈。

⑦抓好营养调控。对于产双羔或多羔的母羊要格外加强管理,并适当增加精饲料。对即将断奶的母羊要注意减料,特别是减少精饲料和多汁饲料的喂量,防止母羊发生乳腺炎。

(5)哺乳前期的饲养管理

在哺乳前期的2个月中,母乳是羔羊营养的主要来源,母乳量对羔羊生长变化的影响可以达到75%,每千克鲜奶可使羔羊增重约0.176千克。为满足羔羊生长发育的需要,必须加强对母羊的饲养管理,提高母羊泌乳量。此时每只每日喂混合精饲料0.5～0.7千克,胡萝卜0.5千克,食盐12克,骨粉8～10克及优质青干草,对双羔母羊还应适当增加补饲量,但在产后3天内,应少喂混合精饲料,以防引起母羊消化不良和乳腺炎。1周后逐渐过渡到正常标准,母羊恢复体况和哺乳两不误,同时保证充足的饮水。在管理上要勤垫圈,勤清扫,保持羊舍干燥清洁。

(6)哺乳后期的饲养管理

在哺乳后期的2个月中,母羊泌乳量逐渐下降,此时羔羊已能采食碎饲料及大量青草,依赖母乳程度减小。此阶段母乳仅能满足羔羊本身所需营养的5%～10%,饲喂重点转移到羔羊上,对母羊逐渐恢复正常饲喂。

54.羔羊如何饲养管理？

羔羊是指从出生到断奶(一般 3 个月)的羊。

（1）羔羊哺乳前期饲养管理

从出生到 2 月龄为羔羊哺乳前期阶段。羔羊出生后,首先让羔羊吃上初乳,初乳为母羊产羔后最初分泌的乳汁,它含有丰富的蛋白质、脂肪等营养物质及抗体,具有抗病和轻泻作用,对羔羊增强体质、抵抗疾病及排出胎粪有重要作用。若产羔母羊因意外死亡,也应设法让羔羊吃到其他母羊的初乳,无母孤羔要尽早为其找好保姆羊,对缺奶羔羊应用牛奶或人工奶补饲,补饲时要注意奶的温度、喂量、时间和卫生状况,不可喂玉米糊和小米粥,否则羔羊会因缺乏消化淀粉的酶而腹泻。

羔羊出生 15 天后,就要训练羔羊采食,以促进前胃的发育,增加营养的来源。给羔羊单独补饲粉碎后的混合饲料,并常备青干草、盐砖让其自由采食,同时保证充足的饮水。

（2）羔羊哺乳后期的饲养管理

羔羊出生 2 个月后,由于母羊泌乳量逐渐下降,饲养重点可转入羔羊饲养,每日补喂混合精饲料 200～250 克,让其自由采食青干草。要求饲料中精蛋白质含量为 13%～15%。不可给羊羔饲喂大量麸皮,否则会引发尿道结石。

在哺乳时期要保持羊舍干燥清洁,经常垫铺褥草或干土。舍内温度保持在 5℃左右为宜,圈舍温度过高或过低,通风不良或有贼风侵袭,均会引起羔羊生病。同时,羔羊运动场和补

饲场也要每天清扫,防止羔羊啃食粪土而生病。

55. 育成羊如何饲养管理?

育成羊是指由断乳至初配,即 4～18 月龄的公、母羊。肉羊在出生后第一年的生长发育最旺盛,这一时期饲养管理的好坏,将影响羊群的未来。

育成羊在越冬期间,原则上以补饲为主,放牧为辅。首先要保证有足够的青干草和青贮饲料,每天除放牧外,应补饲精饲料 0.2～0.3 千克,夜间补喂青干草 1 千克。白天应坚持放牧,每天放牧运动的距离不少于 4～5 千米。食盐同矿物质一起拌在精饲料中喂给育成羊,保证饮水供应,让羊吃饱饮足,休息好。

混合育肥有两种情况:一是在秋末冬初,牧草枯萎后,对放牧育肥后膘情仍不理想的羊,采用补饲精饲料,延长育肥时间的方法,进行短期高强度育肥,育肥期 30～40 天。二是因为草场质量或放牧条件差,仅靠放牧不能满足羊快速育肥期的营养要求,所以在放牧的同时,给育肥羊补饲一定的混合精饲料和优质青干草。

56. 如何判断母羊即将产羔?

母羊在临近分娩时会有以下异常的行为表现和组织器官的变化:

①乳房开始胀大,乳头硬挺并能挤出黄色的初乳。

②阴门较平时明显肿胀变大,且不紧闭,并不时有浓稠黏液流出。

③骨盆韧带变得柔软松弛,肷窝明显下陷,臀部肌肉也有塌陷。由于韧带松弛,母羊荐骨活动性增大,用手握住尾根向上抬感觉荐骨后端能上下移动。

④临产母羊表现孤独,常卧在墙角处,喜欢离群,放牧时易掉队,用蹄刨地,起卧不安,排尿次数增多,不断回顾腹部,食欲减退,停止反刍,不时鸣叫等,有这些症状表现的母羊应留在产房,不要出牧。

57. 母羊难产怎么办?

初产母羊耻骨、阴道狭窄,老龄母羊体质虚弱、一胎多羔、羔羊个体大等,都容易造成产羔困难。母羊遇到难产时,接羔人员必须助产。

因胎儿过大或胎儿产式异常,胎儿肢体显露后超过2~3小时仍未产出母体外,即可作为难产处理。舍饲羊群的难产多于放牧羊群。遇到难产母羊,接羔人员应带上乳胶手套并在0.1%新洁尔灭消毒液中浸泡3~5分钟;若不用手套,则应修剪、磨光指甲,用2%来苏儿溶液洗净手臂,涂抹润滑剂(无适当润滑剂时,肥皂也行),然后根据实际情况采取不同的方式助产。若胎儿过大,应把胎儿的两前肢拉出来再送进产道去,反复三四次扩大阴门后,配合母羊阵缩补加外力牵引,帮助胎儿产出。若遇胎位、胎向不正,接羔人员应配合母羊阵缩,在阵缩间歇时用手将胎儿轻轻推回宫腔,手也随着伸进阴道,用中指、食指帮助纠正异常的胎位、胎向,待纠正后再行引出。

58. 对"假死"羔羊怎样处理？

难产会造成分娩时间过长，子宫内缺乏氧气，羔羊吸入羊水等会出现呼吸微弱或停止等问题，即所谓"假死"。遇到这种情况时，首先用手握住羔羊嘴，挤出口腔、鼻腔和耳朵内的胎水和黏液，再将羔羊两后肢提起来，使羔羊悬空后轻拍其背胸部，或让羔羊仰卧做人工呼吸，假死时间不长的羔羊一般都能苏醒过来。

59. 如何移除母羊胎衣？

母羊的胎衣通常在分娩后 2～4 小时内排出，胎衣排出的时间一般需要 0.5～8 小时，但不能超过 12 小时，否则会引起子宫炎等一系列疾病。治疗母羊胎衣不下可采取以下措施：病羊分娩后不超过 24 小时的，可肌内注射 0.8～1 毫升垂体后叶素注射液、催产素注射液或麦角碱注射液。

用药后 72 小时不奏效的，应立即进行手术治疗。手术时，术者一只手沿胎衣表面伸入子宫，小心剥离，最后在子宫内灌注抗生素或防腐消毒药液，如用土霉素 2 克溶于 100 毫升生理盐水中，注入子宫腔内；或注入 0.2% 普鲁卡因溶液 30～50 毫升。母羊产羔后会有疲倦、饥饿、口渴的感觉，产后应及时给母羊饮喂一些掺有少量麦麸的温水，或饮喂一些豆浆水，以防止母羊噬食胎衣。

60. 如何对初生羔羊进行护理？

要注意防止羔羊冻饿、挤压和疾病发生,北方地区育羔房内应有增温保温设施,使温度不低于 5℃。羔羊每天吮乳的次数为 20～30 次,因此在刚分娩一周内的带羔母羊不应出牧太远,以保证羔羊每天定时吮乳。晚上母子可以关在一起,冬季气候寒冷时,为防止羊群拥挤成团,将羔羊挤压踩死,设立母子栏是非常必要的。羔羊 15 日龄左右有较强的活动能力时,才能和大群羊放在一起。要预防羔羊发病,特别是防止羔羊痢疾传播,需要勤换垫草,保持羊圈干燥。在羔羊痢疾流行的地区,应给母羊注射羔羊痢疾氢氧化铝苗;在羔羊吃过初乳后 24 小时内灌服土霉素溶液,也可预防羔羊痢疾。一旦有传染性羔羊痢疾发生,应注意隔离,不让初生羔羊和病羔接触。

61. 如何对羔羊进行寄养？

羔羊出生后,若母羊死亡,或母羊一胎产羔过多,则母羊会因奶水过少影响羔羊成活,应给羔羊找保姆羊寄养。产单羔且乳汁多的母羊,或者所产羔羊死亡的母羊都可充当保姆羊。寄养配认保姆羊的方法是用保姆羊的胎衣或乳汁涂抹到寄养羔羊的臀部或尾根;或将羔羊的尿液抹在保姆羊的鼻子上;也可将已死去的羔羊皮覆盖在需寄养的羔羊背上;或于晚间将保姆羊和寄养羔羊关在一个栏内,经过短期熟悉,保姆羊便会让寄养羔羊吃奶。

62. 如何给羔羊人工辅助哺乳？

①先把母羊固定,将羔羊放在母羊乳房前,让羔羊寻找乳头吃奶,经几天训练母羊就可认羔。

②如果新生羔羊体质较弱,通过人工辅助仍不能吃到初乳,那么最好把初乳挤出,用奶盆或奶瓶喂奶,或者将胃管轻轻插入羔羊食管内灌服。注意清洁卫生,羔羊吃乳后嘴周围的残乳用毛巾擦干净,喂乳用具要清洗干净。

③哺乳要做到"四定":一是定时,初生到 20 日龄的每天定时喂 4 次,20 日龄后的每天定时喂 2~3 次;二是定量,初生头几天的每天喂 200 毫升,以后根据羔羊生长情况酌情增减;三是定温,保证乳温 38~42℃;四是定质,乳汁要清洁、新鲜、不变质。

63. 如何对羔羊进行补饲？

羔羊出生后,除吃足母乳外,还要尽早地给予补饲,增强羔羊体质,加快羔羊生长发育,提高成活率。羔羊出生后 8~10 天,要进行采食训练,让羔羊学会吃饲草、嫩叶,或选优质柔软的禾本科和豆科干草,捆成小把,吊在房梁和墙四周,让其自由采食。精饲料可炒香后粉碎,拌入少许胡萝卜丝、食盐和骨粉,放入食槽内,任羔羊舔食。待羔羊学会采食草料后,再改成定时定量补食草料。1 个月龄以内的羔羊,每只每天补喂精饲料 50~100 克,干草 100 克;1~2 月龄羔羊,每天补喂精饲料 150 克,干草 300~400 克,青贮 100 克;3~4 月龄羔羊,每天喂精饲料 200 克,干草 600~800 克,青贮 100～200 克。饲料的种类尽可能多样化。补饲应在羔羊补饲栏内,只能允许羔羊自由进出,以免喂给羔羊的草料被成年羊吃掉。

64. 划区轮牧有什么好处?

为了充分利用草场,提高草地载畜量,最好是采取划区轮牧。划区轮牧的好处主要包括以下几个方面:

(1)提高草地载畜量

轮牧就是科学的利用草场,把羊群限制在固定的草地上,让其充分采食牧草;一定时间后再转入另一固定的草地上放牧,以便被食牧草有充分再生时间。

(2)提高牧草的品质

轮牧地均匀放牧,可抑制杂草生长,使优良牧草增多,改善牧草成分。草场通过休牧,每次放牧时可利用的都是鲜嫩可口的牧草。

(3)有利于肉羊增膘

小区放牧,肉羊的活动量小,牧草适口性好。肉羊在放牧区内的采食和卧息时间相对增加,而游走时间大为减少,降低了肉羊的体力消耗,提高了肉羊的抓膘、增膘效率。

(4)有利于草场的管理

在每个小区的停牧时间里,可以对牧场进行管理,如去杂和清除毒草、灌溉施肥、除虫灭鼠,以及补播牧草等。

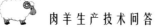

（5）防止寄生虫病的传播

很多随粪便排出的土源性寄生虫卵,在外界2周左右便可发育为具有感染力的三期幼虫,通过轮牧、高温自然净化,可杀死草地上的寄生虫卵或三期幼虫。轮牧是消灭和控制羊消化道线虫病的有效方法。

65.放牧管理的最基本要求是什么?

①合理选择牧地。根据保护生态环境、不危及人畜健康、水源充足的原则来选择与确定。

②按公母、成幼、等级分别合理组群,组群大小依据管理规模及牧地类型来确定,一般为每群200～500只,在牧区宜大,农区宜小。

③放牧要做到"出入圈稳、放牧稳、行路稳、饮水稳",达到羊群走慢、吃饱、低消耗、快增膘的目的。

④用好放牧手法,按季节采取"冬春一条鞭、夏秋一大片"的方法,适度控制羊群。

⑤出牧后,要做到人不离群,以防羊群被狼、蛇伤害,或误食毒草发生中毒及偷盗等意外事故。

⑥注意听取天气预报,做好预防暴风雪等恶劣天气的准备;羊群转场时缓慢驱赶,边赶边牧,不可行程过快。

⑦保证羊群每天能饮到足量的清洁水。

⑧应根据草场类型补饲适量食盐与矿物质,最好在草场上放置含多种微量元素的特制盐砖,任羊自由舔食。

⑨经常修蹄,特别在春季出牧前和入冬前,要防止蹄甲过长影响放牧和转场。

⑩定期进行检疫、免疫预防和驱虫。

66.四季放牧应注意什么?

(1)春季放牧

①春季放牧场应选在距羊舍较近,天气暖和的阳坡地带。

②转入春场前应给羊只修剪眼部、后腿内侧及尾根下的长毛。

③开始放青时放牧手法宜紧,采取前挡后让、"一条鞭"式,严防跑青;草坡放牧应先放阴(干草坡)后放阳(青草坡),逐步增加青草采食量。

④早出牧,晚归牧,延长放牧时间;注意牧地轮换利用。

(2)夏季放牧

①早出晚归,中午最热时适当安排羊群在阴凉处。

②采用"满天星"放牧队形和"背阳放牧、顺光吃草"的放牧方法。做好划区轮牧,严禁过度放牧。

③做好雨天和雨后管理。大雨、阵雨应停放,雨后应晾晒羊群,防止羊卧地时间过长受潮患病。夜间休息应选择地势高燥的地方。

④注意补盐、饮水。

(3)秋季放牧

①初秋季节放牧应早出晚收,先远后近;晚秋如有霜冻则

宜晚出晚收,抓好秋膘。

②压茬放牧,先熟坡后生坡,多放阳坡少放阴坡,熟坡"一条鞭",生坡"满天星",禁止在长有针茅草、苍耳等影响羊肉质量的牧场放牧。

③配种季节,配种母羊应安排在水草丰茂、距离配种站较近的草地放牧。

④在农区,秋收后应安排羊群抢茬放牧,充分利用茬地的作物秸秆等。

⑤注意提供充足饮水。

（4）冬季放牧

①冬牧场应选择牧草丰富、避风向阳的山前谷地。

②冬季放牧应采用先阴坡后阳坡,先高地后低地,先远牧后近牧的原则,充分利用冬草场。

③细化分群管理方法,瘦弱病残羊应安排在较近的阳坡地分群放牧。

④傍晚收牧后适当补饲草料,注意圈舍保温,防止羊群卧冰饮雪。

⑤每日饮水 1～2 次,防止羊群饮冰冷水。

67. 如何判断肉羊的年龄？

羊的年龄主要根据门齿来判断。羔羊的牙齿叫乳齿,共20 颗。成年羊的牙齿叫永久齿,共 32 颗。羔羊的乳齿一般一年后换成永久齿。

通过羊换牙可判断其年龄(图3-1)。一般来说,1岁不扎牙(不换牙),2岁1对牙(切齿长出),3岁2对牙(内中间齿长出),4岁3对牙(外中间齿长出),5岁齐(齲齿长出),6岁平(牙上部由尖变平),7岁斜(齿龈凹陷,有的牙开始活动),8岁歪(齿与齿之间有大的空隙),9岁掉(牙齿有脱落现象)。

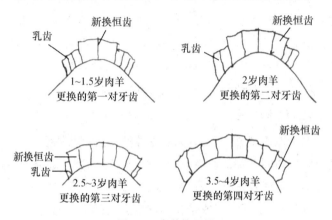

图3-1　肉羊换牙图

另外,还可以根据羊角轮判断年龄。羊角是由角质增生形成的,冬、春季营养不足时,角长得慢或不生长;青草期营养好,角长得快,因而会生出凹沟和角轮。每一个深角轮就是一岁的标志。

68. 羔羊去势的方法有哪些?

凡不宜作种用的公羔要进行去势,去势的最佳时间为1周龄至1月龄,手术一般与断尾同时进行,多在春、秋两季气

候凉爽、晴朗的时候进行。去势的方法有阉割法、结扎法、去势钳法。

（1）阉割法

将羊保定后，用碘酒和酒精对术部消毒，术者左手握紧阴囊的上端将睾丸压迫至阴囊的底部，右手用刀在阴囊下端与阴囊中隔平行的位置切开，切口大小以能挤出睾丸为宜。睾丸挤出后，将阴囊皮肤向上推，暴露精索，将其剪断或拧断均可。在精索断端涂碘酊消毒，在阴囊皮肤切口处撒上少量消炎粉（青霉素和链霉素 1∶1 混合）即可。

（2）结扎法

术者左手握紧阴囊基部，右手撑开橡皮圈将阴囊套入，反复扎紧以阻断下部的血液流通。约经 15 天，阴囊连同睾丸自然脱落。此法较适合 1 月龄左右的羔羊。在结扎后，要注意检查，以防止胶圈断裂或结扎部位发炎、感染。

（3）去势钳法

用特制的去势钳，在阴囊上部用力紧挟，将精索挟断，使睾丸逐渐萎缩。此法因不切伤口，无失血，所以无感染的危险。

69. 羔羊如何断尾？

断尾目的是保持羊体尾部清洁卫生，保护羊肉品质，便于配种。羔羊应于出生后 7～15 日内断尾。具体方法如下：

（1）结扎法

用橡胶圈在距尾根 4 厘米处将羊尾紧紧扎住，阻断尾下段的血液流通,经 10～15 天,尾巴自行脱落(图 3-2)。此法目前较为常用。

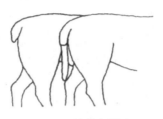

图 3-2 结扎断尾法

(2)热断法

这种方法使用较普遍。断尾时,需准备一特制的断尾铲和两块 20 平方厘米(厚 3～5 厘米)的木板,在一块木板一端的中部锯一个半圆形缺口,两侧包以铁皮。术前用另一块木板垫在条凳上,由一人将羔羊背贴木板进行保定,另一人用带缺口的木板卡住羔羊尾根部(距肛门约 4 厘米),并用烧至暗红的断尾铲将尾切断,下切的速度不宜过快,用力均匀,使断口组织在切断时被烧烙一下,起到消毒、止血的作用。尾断下后如仍有少量出血,可用烧红的断尾铲烫一烫即可止血,最后用碘酊给术部消毒。

70. 如何给肉羊修蹄?

修蹄是重要的保健工作。肉羊蹄过长或变形,会影响其行走,甚至发生蹄病,造成残废。肉羊可每半年修蹄一次。修蹄可选在雨后进行,此时蹄壳较软,容易操作。修蹄的工具主要有蹄刀、蹄剪(也可用其他刀、剪代替)。修蹄时,肉羊呈坐姿保定,背靠操作者。一般先从左前肢开始,操作者用左腿夹住肉羊的左肩,使肉羊的左前膝靠在人的膝盖上,左手握蹄,右手持刀、剪,先除去蹄下的污泥,再将蹄底削平,剪去过长的蹄壳,将羊蹄修成椭圆形。修蹄时要细心操作,动作要准确、有力,要一层一层地往下削,不可一次切削过深,一般削至见到淡红色的微血管为止,不可伤及蹄肉。修完前蹄后,再修后蹄。修蹄时若不慎伤及蹄肉,造成出血,可视出血多少采用压迫法或烧烙法止血。烧烙时应尽量减少对其他组织的损伤。

71. 如何给羔羊去角?

肉羊去角可以防止争斗时致伤,对有角的肉羊,去角是一个很重要的管理措施。羔羊一般在出生后 7～10 天内去角,去角可采用烧烙法和化学法。

(1)烧烙法

将羔羊侧卧保定,烙铁烧至暗红(也可用功率为 300 瓦左右的电烙铁),在羊的角基部进行烧烙。烧烙时用力均匀,分次进行,每次烧烙的持续时间不超过 15 秒,烙至角基部皮下稍有出血,生角组织被破坏即可。

(2)化学法

将羔羊侧卧保定,用手摸到角基部,剪去角基部羊毛,在角基部周围抹上凡士林,以保护周围皮肤。然后将氢氧化钠

(或钾)［苛性钠(或钾)］棒,一端用纸包好,作为手柄,另一端在角蕾部分旋转摩擦,直到见有微量出血为止。摩擦时要注意时间不能太长,位置要准确,摩擦面与角基范围大小相同,术后敷上消炎粉。羔羊化学去角后的半天内不应让其接近母羊,以免氢氧化钠烧伤母羊乳房。

72. 肉羊剪毛基本操作步骤是什么?

①捉住羊的前腿,将羊拖至剪毛区。

②用双膝夹住羊的身体,使羊臀部着地,背对操作者半坐在地上,羊的前肢可夹在剪毛手腋下。体格较小的操作者也可让羊侧卧于地,人站于羊的背侧,然后将右腿跨过羊体并从羊两前腿间插过,蹲下时用右膝弯自然夹住羊上方前腿。手握住羊后腿蹄部向后推,充分暴露羊腹部,并使羊不能随意活动。

③打开电剪开关,从羊胸部沿腹部皮肤向后腿方向推,逐片将腹毛剪下,勿伤及阴鞘或乳房。

④从羊上方后腿前侧根部向蹄部剪一刀,将后腿前侧毛剪下,再从蹄部向腿根部推剪至腿内侧,然后从羊下方后腿内侧根部向蹄部剪一刀,将腿内侧毛全部剪下。

⑤从羊上方后腿外侧沿蹄向脊柱方向推剪,将腿部与尾部毛剪下。

⑥操作者面对羊站到羊的腹侧,先腹部、后背部,逐一从羊尾部向颈部推动电剪,将体侧毛依次剪下并不断向上翻起。

⑦操作者用手向自己身后方向按压羊头,并用两腿向内夹住羊的四条腿,使羊脊柱弯起。沿脊柱两侧剪两剪,避免伤及羊背。

⑧将羊上方前腿绊在操作者右腿后,左腿置于羊颈部下方并将其顶起,左手握羊嘴使羊头下垂,羊颈部上侧皮肤绷紧并充分暴露。从肩部向头顶部方向将颈部、顶部的毛剪下挑起;第二剪与之平行,从肩部剪至耳朵上方及面侧部;第三剪从背部向上,与前面两剪平行,剪净耳底部、角、顶部、肩胛骨部的毛。

⑨操作者将左腿抽出,将羊头向上拉起并牵引向肩部,使羊颈部下侧皮肤绷紧并充分暴露。从颈椎向气管方向,由顶部向肩部依次推剪,将颈部毛连片剪起。将羊头向上仰起,夹在两腿之间,左手握羊嘴让羊头上仰,使羊颈部皱褶皮肤绷紧并充分暴露,沿下颌向荐突方向推一剪,将颈部毛全部剪下。

⑩将羊轻轻翻转,操作者面对羊站到羊的背侧,将羊后腿毛沿蹄向腿根剪下。

⑪沿背部到腹部,依次从后向肩部推动电剪,将体侧毛依次剪下并不断向上翻起,剪至前腿时沿腿根部向蹄部将前腿毛全部剪下,直至将整个毛套全部剪下。

⑫扶起羊并牵引其有序离开剪毛区。

⑬将剪下的毛套有序地团成包,并放入盛毛筐运离剪毛区。

73. 肉羊药浴注意事项有哪些？

①春季药浴的时间一般在剪毛后 1 周。以便羊机体具有适应性,减少感冒。这时剪毛后的伤口已愈合,也可减少药浴中毒。

②药浴要选择在无风无雨的晴朗天气进行。

③药浴池使用前要进行清理、清洗。

④药浴浓度一定要准确,过低无效,过高导致羊中毒。

⑤药浴时间要保持 30 秒,头部要在水中浸 2 次。

⑥药浴前给羊充分饮水,防止羊在药浴时饮药。

⑦新药使用前,要先进行小批量试浴,若无异常,再进行大批量药浴。

74. 肉羊有哪些保定方法？

（1）站立保定

保定者可骑在羊背上,将羊颈夹在两腿之间,并用手固定羊头部。此法适用于一般检查或注射、灌药等。

（2）坐式保定

保定者坐着抱住羔羊,使羊背朝向保定者,头向上,臀部向上,两手分别握住羊前后肢,此法适用于羔羊。

（3）倒立式保定

保定者骑跨在羊颈部,面向后,两腿紧夹羊体,弯腰将羊两后肢提起。此法适用于阉割、后躯检查等。

（4）横卧保定

保定成年羊时，保定者可站在羊体一侧，分别握住同侧前后肢，使羊呈侧卧姿势。为了保定牢靠，可用绳子将羊四肢捆绑在一起。

75. 肉羊饮水应注意什么问题？

肉羊饮水类型全国各地不一，有井水、湖水、塘水、河水和降雨积水等。干旱缺水地区多饮井水或降雨积水，水井或贮水池应建在离羊舍 100 米以上、地势稍高的地方。为保持水源干净，不受污染，应进行如下防护：

①离井（池）3～5 米远应设防护栏或围墙，维护水质的干净卫生。

②井口或贮水池口加设口盖，避免脏物入水。

③井（池）周围 30 米范围内不得设置厕所、渗水坑、贮粪坑、垃圾堆或废渣堆等污染源。

④距离井（池）一段距离设饮水槽，并防止家畜粪尿液或其他污水倒流入井（池）。

采用自来水供（饮）水方式的，气温在 0℃ 以上时可以饮用。冬季气温降至零下时，则白天供水，晚上关闭自来水水源。管道和槽内不宜存余水，以防冰冻损坏饮水设施。

第四章

肉羊场的规划建设

76. 选择羊舍地址时应注意什么？

①干燥通风、冬暖夏凉是肉羊最适宜的生活环境,因此,羊舍地址要求地势较高、地下水位低、排水良好、通风干燥、南坡向阳,切忌选在低洼涝地、山洪水道、冬季风口之地。

②水源供应充足、清洁,无严重污染源,上游地区无严重排污厂矿,无寄生虫污染区。肉羊以舍饲为主时,水源以自来水为最好,其次是井水。舍饲的肉羊日需水量大于放牧的,夏秋季大于冬春季。

③交通便利,通讯方便,有一定能源供应条件。

④能保证防疫安全。主要圈舍区应距公路、铁路交通干

线和河流 500 米以上。场内兽医室、病羊隔离室、贮粪池、尸坑等应位于羊舍的下风方向,距离羊舍 500 米以外。各圈舍间应有一定的隔离距离。

⑤具备一定的防灾抗灾能力。

77. 羊场功能区如何划分?

(1) 生活管理区

主要包括管理人员办公室、技术人员业务用房、接待室、会议室、技术资料室、化验室、食堂、职工值班宿舍、厕所、传达室、警卫值班室,以及围墙和大门、外来人员第一次更衣消毒室和车辆消毒设施等。对生活管理区的具体规划因羊场规模而定。生活管理区一般应位于场区全年主导的上风处或侧风处,并且应在紧邻场区大门内侧集中布置。羊场大门应位于场区主干道与场外道路接待处,设施布置应使外来人员或车辆强制性消毒,并经门卫放行才能进场。生活管理区应和生产区严格分开,两者之间有一定缓冲地带,生产区入口处设置第二次人员更衣消毒室和车辆消毒设施。

(2) 辅助生产区

主要是供水、供电、供热、设备维修、物资仓库、饲料贮存等设施,这些设施应靠近生产区的负荷中心布置,与生活管理区没有严格的界限要求。饲料仓库的卸料口要求开在辅助生产区内,仓库的取料口开在生产区内,杜绝外来车辆进入生产区,保证生产区的内外运料车互不交叉使用。

（3）生产区

主要布置不同类型的羊舍、剪毛间、采精室、人工授精室、羊装车台、选种展示厅等。这些设施都应设置两个出入口，分别与生活管理区和生产区相通。

（4）隔离区

主要包括兽医室、隔离羊舍、尸体解剖室、病尸高压蒸汽灭菌或焚烧处理设备、粪污贮存与处理设施。隔离区应位于全场常年主导风向的下风处和场区最低处，与生产区的间距应满足兽医卫生防疫要求。绿化隔离带、隔离区内部的粪污处理设施和其他设施也需有适当的防疫间距。隔离区内的粪污处理设施与生产区由专用道路相连，与场区外由专用大门和道路相连。

78.怎样设计羊舍？

根据肉羊耐寒冷、忌潮湿、怕闷热的生物学习性，设计建筑羊舍时均要考虑保温、无贼风和舍内干燥、透光、通风的原则。羊舍建筑的各部分应符合以下要求：

（1）羊舍高度

舍高根据饲养地区气候和经营习惯而定。季节温差相对小的温暖地区，墙高为 2.8～3.0 米，寒冷地区为 2.4～2.6 米。

（2）舍顶

较温暖地区的羊舍除作冬舍外，夏季兼作凉棚的可稍简陋些,可用木头和泥建顶;寒冷地区有条件的可用瓦封顶,封闭严实些(图 4-1)。

双坡式　　单坡式　　平顶式　　联合式　　半钟楼式　　钟楼式

图 4-1　羊舍屋顶形式

（3）门

羊群入舍好拥挤,宜用双扇门。门宽 2.2~2.3 米,高 1.8 米,以便除粪车出入。根据羊舍长度和羊群数量设置门的数量,一般长形羊舍不少于两个门。门槛应与舍内地面等高,舍内地面应高于舍外运动场地面,可防止雨水倒流。

（4）窗

根据各地气候条件设置窗户,一般窗户高 0.5~1 米,宽 1~1.2 米,其面积与羊舍地面的面积比例为 1：15。种公羊和成年母羊的羊舍可适当大些,产羔室或育成羊羊舍应小些。

（5）墙壁

根据经济条件决定墙壁用料,全部砖木结构或土木结构均可。无论哪种结构,都要求坚固耐用。潮湿和多雨地区,可在墙基和边角用石头、砖垒一定高度,上边打土墙,即"穿靴戴帽"式的建筑。木材紧缺地区,也可用砖建拱顶羊舍,既经济又实用。

（6）地面

采用黏土或沙土地面,易于除粪或换垫土,但要求地面平整干燥。

79.塑料棚舍有哪些注意事项?

①塑料薄膜本身具有不透气性,气温低时羊群呼出的气体遇冷结霜于棚内,白天日出气温增高时霜开始溶化,一是顺棚坡向下流,二是向舍内滴水,故在棚两端的封闭处应设防水设施。地面应勤换垫土,避免舍内潮湿引发各种疾病。

②塑料棚舍应设通气孔,即在原简易暖棚的两侧距地面1.5米高处各留1个可开关的通气窗,棚顶也留2个1平方米的可开关的气窗,以排除积蓄的水蒸气。

③放牧前要提前打开通气窗,使舍内外温度逐渐达到平衡再出舍,防止因内外温差过大使羊感冒。

④每日放牧时尽量使舍内通风散湿,当下午天气变冷时关闭通风窗,提高舍内温度,迎接羊群入舍。

80.北方地区有哪些羊舍类型?

（1）封闭式羊舍

即房屋式羊舍,为北方寒冷地区常采用的形式。封闭式羊舍四面有墙,南北墙均设有窗户,屋顶呈双坡式或钟楼式,朝阳面连接运动场。其特点是保温性能好,采光充足,通气性好,夏季可将门窗打开通风,冬季可将门窗关闭保暖。对放牧、舍饲、半舍饲的饲养方式都适合。分为单列式和双列式两种;单列式羊舍的走道设在靠墙的一侧,分为若干圈;双列对头式羊舍走道设在中间,两边对称划分为若干圈,饲槽、水槽设在走道两侧,地面铺上砖石、木板或水泥等,而双列对尾式羊舍的饲槽、水槽则设在两边走道旁。

(2)半开放式羊舍

半开放式羊舍为北方较温暖地区常采用的形式。其三面有墙,有顶盖,朝阳面砌有矮墙,矮墙与房檐的垂直距离为2~3米,并留 2 米宽的门与运动场相连,矮墙高 1.0~1.2 米,冬春季节矮墙上可搭置临时棚顶来避风保温。其特点是保温性较好,采光好,适用性强。

81. 南方地区有哪些羊舍类型?

(1)开放式羊舍

开放式羊舍为南方较温暖地区常采用的形式。其三面有墙,一面无墙,有顶盖,无墙的一面向运动场敞开。其特点是有一定的保温效果,通风良好,采光好。

(2)凉棚式羊舍

凉棚式羊舍为南方热带地区所采用的羊舍和放牧时羊午间休息的场所。其四周敞开,只设置圈栏,上有棚顶。其特点是通风性能好,适应特定地区的气候环境。

（3）吊楼式羊舍

吊楼式羊舍为炎热、潮湿地区所采用的形式。其楼台离地面 1.5～1.8 米,楼板以木条、竹片等制成,间隙 1.0～1.5 厘米,羊舍南北两侧只有高 1 米左右的半截墙,舍门宽 1.5～2.0 米,舍门与地面之间有台阶相连。舍外有运动场,面积为羊舍的 2～2.5 倍。吊楼式羊舍的特点是通风良好,防热防潮性能好,在夏秋季节,气候炎热、多雨、潮湿,羊住在楼上,通风、干燥、凉爽;冬春少雨季节,将楼下清扫干净养羊,楼上堆放饲草。

82. 羊场的消毒要点是什么?

制定切实可行的消毒制度,定期对羊舍(包括用具)、地面土壤、粪便、污水、皮毛等进行消毒。

（1）羊舍消毒

第一步先进行机械清扫,第二步用消毒液消毒。机械清扫是搞好羊舍环境卫生最基本的一种方法。常用的消毒药有 10%～20% 石灰乳、10% 漂白粉溶液、0.5%～1.0% 菌毒敌、0.5%～1.0% 二氯异氰尿酸钠、0.5% 过氧乙酸等。消毒方法是将消毒液盛于喷雾器内,先喷洒地面,然后喷墙壁,再喷天花板,最后开门窗通风,用清水刷洗饲槽、用具,将残留消毒药及气味除去。在一般情况下,羊舍消毒每年可进行 2 次(春秋各 1 次)。产房的消毒,在产羔前应进行 1 次,产羔高峰时进行多次,产羔结束后再进行 1 次。

（2）地面土壤消毒

土壤表面可用 10％漂白粉溶液，或 4％甲醛，或 10％氢氧化钠溶液。停放过芽孢杆菌所致传染病（如炭疽）的病羊尸体所在场所应严格消毒。首先用 10％漂白粉澄清液喷洒地面，然后将表层土壤掘起 30 厘米左右，撒上干漂白粉，并与土混合，最后将此混合表土妥善运出掩埋。

（3）粪便消毒

最实用的方法是堆积发酵，即在距羊场 200 米以外的地方设一堆粪场，将羊粪堆积起来，上面覆盖 10 厘米厚的沙土，堆放发酵 30 天左右，即可用作肥料。

（4）污水消毒

最常用的方法是将污水引入污水处理池，加入化学药品（如漂白粉或其他氯制剂）进行消毒，用量视污水量而定，一般 1 升污水用 2～5 克漂白粉。

（5）皮毛消毒

炭疽、口蹄疫病羊及其羊皮须销毁。布鲁氏菌病、坏死杆菌病羊皮毛应进行消毒处理，目前广泛利用环氧乙烷气体消毒法对皮毛进行消毒。消毒时必须在密闭的专用消毒室或容器内进行。在室温 15℃时，每立方米密闭空间使用环氧乙烷 0.4～0.8 千克维持 12～48 小时，空气相对湿度在 30％以上。该药品对人畜有毒性，且其蒸气遇明火会燃烧甚至爆炸，故必须注意安全，具备一定安全防护条件时才可使用。

83. 怎样无害化处理羊粪和羊尿？

根据《畜禽养殖业污染物排放标准》(GB 18596—2001)规定,对直接还田的畜禽粪便必须进行无害化处理,防止污染施用地面。粪尿适宜寄生虫、病原微生物寄生、繁殖和传播。从防疫的角度看,羊粪不利于羊场的卫生与防疫。为了化不利为有利,需对羊粪进行无害化处理。羊粪无害化处理主要是通过物理、化学、生物等方法,杀灭病原体,改变羊粪中病原体适宜寄生、繁殖和传播的环境,保持和增加羊粪有机物的含量,达到污染物的资源化利用。羊粪无害化环境标准是蛔虫卵死亡率≥95％;粪大肠菌群数≤ 10 个/千克;恶臭污染物排放标准是臭气浓度(无量纲)标准值70。

(1)堆肥腐熟处理

传统的羊粪便消毒方法有多种,最实用的方法是生物热消毒法,即在距羊场 200 米以外的地方设一堆粪场。将羊粪堆积起来,上面覆盖 10 厘米厚的沙土,发酵 30 天左右,利用微生物进行生物化学反应,分解、熟化羊粪中的异味有机物,随着堆肥温度升高,其中的病原菌、虫卵和蛆蛹被杀灭,使羊粪达到无害化的优质肥料。

(2)生产有机高效复合肥

把羊粪发酵、粉碎后,在羊粪营养成分的基础上,根据粮食、蔬菜、果树、花卉等植物的营养需要,结合地方土壤状况,加入互补的有机成分,制作成有机营养成分平衡的优质颗粒肥料,提高羊粪产品价值。其生产工艺流程见图4-2。

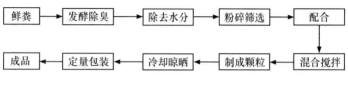

图4-2　有机高效复合肥生产流程

（3）制取沼气

羊粪可以制造沼气,入池前须将其堆沤3天,然后入池发酵。

（4）土地还原法

指将羊粪与地表土混合,深度为20厘米,用水浇灌（超过保水容量）。有机物使土壤中的微生物迅速增加,消耗掉土地中的氧,同时微生物产生的有机酸、发酵产生的热都可以有效杀灭病菌及寄生虫卵,使土地变成还原状态。

第五章

肉羊的疫病防治

84. 怎样给肉羊投药?

肉羊发病后,首先要及时找兽医检查,正确诊断疾病,然后对症下药,以达到药到病除的目的。给羊投药的方法常用的有口服和灌肠法。

(1)口服投药法

口服药分水剂、丸剂和舐剂。

①水剂投药法。用胶管接漏斗投药,由助手固定病羊并打开其口腔,将投药胶管插入口中,用手握紧嘴部,胶管另一端接漏斗,将药物倒入漏斗,使药物由口腔进入胃肠。体型较大的病羊,亦可用细胶管直接从鼻腔插入食道,另一端胶管接漏斗,药物由漏斗、胶管进入胃内。但操作中须严防胶管插入气管。

②丸剂投药法。将药丸装入丸剂投药器内,由口腔插到

病羊的舌根处,推动活塞,药丸即由舌根吞咽至胃内。

③舐剂投药法。将药物加少量水调成泥状,然后用调剂板涂在病羊舌根处,羊吞咽时将药物咽下。

(2)直肠投药法

也称灌肠,将药物溶于温水中,用细胶管(或灌肠器)插入病羊直肠内,另一端接漏斗,药液倒入漏斗后即可进入直肠。如需药物保留在直肠内时间长些,可将胶管插深一些。

85. 怎样给肉羊打针?

对肉羊常用的注射(俗称"打针")方法有肌内注射、皮下注射和静脉注射等方法。

(1)肌内注射

选择肌肉丰满的部位,如两侧臀部或颈部两侧。将药液吸入注射器后,排净空气。注射部位要剪毛消毒,用5%碘酊和75%酒精棉花球消毒后,将针头垂直刺入肌肉,接上注射器,抽动针管不回血即可注入。注射完毕,取针时用酒精棉球固定针头并按压注射处止血。

(2)皮下注射

注射部位要选择皮肤疏松的地方,如颈部两侧、后肢股内侧等。用左手提起注射部位的皮肤,右手持吸好药的注射器,以倾斜40度角刺入皮肤下方,针芯后抽不回血即可注入药液,此时局部鼓起,很快消失,取针时用棉球消毒。

(3)静脉注射

一般常用两侧颈静脉部位注射。少量药物用注射器,大量药物可输液。局部剪毛、消毒后,由助手固定羊头,术者一手压颈静脉下方(此时颈静脉怒张),另一手持针头,以针尖向下和颈静脉保持45度角刺入,回血后即可接排净空气的注射器或输液。

86. 肉羊有哪些常见疾病?

(1)常见传染性疾病

包括羊快疫、羊黑疫、羊肠毒血症、羊猝狙、羔羊痢疾、炭疽、布鲁氏菌病、口蹄疫、蓝舌病等。

(2)常见寄生虫病

包括羊肝片吸虫病、矛形双腔吸虫病、脑多头蚴病、羊胃肠道线虫病、羊肺丝虫病、羊疥螨病、羊鼻蝇蛆病、羊球虫病等。

(3)常见代谢病和中毒病

包括羔羊白肌病、妊娠毒血症、有机磷农药中毒、氢氰酸中毒、铜中毒等。

87. 如何应对突发性重大传染病?

发生重大传染病时,应根据《中华人民共和国动物防疫法》规定处理:①隔离,将怀疑羊尽快与健康羊分开;②消毒;③送检,如果尚不能肯定是不是传染病,那么必须要采病料送权威机构进行检疫检验;④紧急预防接种,加强健康羊的抵抗力;⑤对疫区进行封锁。

88. 肉羊的主要传染病免疫程序是什么?

肉羊的主要传染病免疫程序见表5-1。

表 5-1　肉羊主要传染病的免疫程序

疫(菌)苗名称	预防的疫病	接种方法和说明	免疫期
口蹄疫 O、A 型活疫苗	口蹄疫	皮下或肌内注射 1 毫升,羔羊减半	半年
口蹄疫灭活疫苗		肌内注射 2 毫升,羔羊减半	半年
羊痘鸡胚化弱毒疫苗	绵羊痘	各龄羊股内侧皮下注射 0.5 毫升	1 年
无毒炭疽芽孢苗	炭疽	颈部皮下注射 0.5 毫升	1 年
第Ⅱ号炭疽芽孢苗		股内或尾部肌内注射 0.2 毫升,或皮下注射 1 毫升	1 年
布鲁氏菌病羊型 5 号菌苗	布鲁氏菌病	皮下注射 10 亿活菌	1 年
羊大肠杆菌病菌苗	大肠杆菌病	成年羊皮下注射 2 毫升,羔羊减半	1.5 年
羊链球菌氢氧化铝菌苗	链球菌病	各龄羊均皮下注射 5 毫升	1 年
羊链球菌弱毒菌苗		按标签说明使用	1 年
羔羊痢疾氢氧化铝菌苗	羔羊痢疾	注射 2 次,分别在产前 25 天和 15 天在左、右股内侧各注射 1 次	1 年
羊厌气三联菌苗	羊快疫、肠毒血症	各龄羊均皮下或肌内注射 5 毫升	半年
羊黑疫、快疫混合菌苗	羊黑疫和羊快疫	各龄羊均皮下或肌内注射 5 毫升	1 年
羊厌气菌五联菌苗	羊快疫、羔痢、猝殂、肠毒血症、羊黑疫	各龄羊均皮下或肌内注射 5 毫升	1 年
羊梭菌多联干粉菌苗	腐败病、肉毒病、魏氏杆菌病、诺维氏梭菌病及破伤风	用 20% 氢氧化铝胶生理盐水稀释,各龄羊均皮下或肌内注射 1 毫升	1 年

89. 口蹄疫如何预防？

（1）流行特点

病羊的粪便、精液、口涎、眼泪、呼吸气体中均含有病毒，病毒大量存在于水疱等体液中，个别痊愈后 5 个月仍可从唾液中检出病毒。病毒通过直接接触或间接接触进入易病羊的消化道、呼吸道或损伤的皮肤黏膜而患病。此病毒传播性强，2～3 天可波及全群，发病率达 100%，冬季多发，夏季平稳。本病呈跳跃式发作。

（2）临床症状

潜伏期 2～4 天，最长 1 周左右。病羊以发生口黏膜水疱为主，病初体温升高至 40～41℃，精神不振，闭口流涎。1～2 天后，唇内面、齿龈、舌面和颊黏膜发生水疱，不久水疱破溃，形成边缘不整的烂斑。同时趾（指）间、蹄冠皮肤热、肿、痛，继而发生水疱、烂斑，病羊跛行。

（3）预防措施

每年对肉羊进行疫苗预防。本病的常发区、周边地区坚持接种，所用疫苗的病毒型必须与当地流行的病毒型相一致。

90. 羊口疮如何预防？

羊口疮是由羊脓疱病毒引起的羊的一种接触性传染病。

世界各地均有发生,几乎有羊的地方都有此病。对成年羊危害轻,对羔羊危害重,死亡率在 1‰～15‰之间。

(1)病原

病原为痘病毒科、副痘病毒属的羊传染性脓疱病毒。病毒对外界环境有相当强的抵抗力,暴露在夏季的阳光下经30～60天才开始丧失感染性,在室温条件下,干燥病料内的病毒至少可保存 5 年。

(2)临床症状

潜伏期 3～8 天,临床上主要有唇型、蹄型和外阴型 3 种病型。

①唇型。为最常见的病型。病羊先在口角、上唇或鼻镜上发生散在的小红点,逐渐变为丘疹或小结节,继而发展成水疱或脓疱,脓疱破溃后形成黄色或棕色的疣状结痂。由于渗出物继续渗出,痂垢逐渐扩大、加厚。若为良性经过,1～2 周内患处痂皮干燥、脱落,可恢复正常。

②蹄型。仅出现在绵羊上,多为一肢患病,也有多肢发病的。常在蹄叉、蹄冠或细部皮肤上形成水疱,后变为脓疱,破裂后形成脓液覆盖的溃疡。

③外阴型。较少见,病羊有黏性和脓性阴道分泌物。肿胀的阴唇和附近皮肤发生溃疡,乳头、乳房皮肤上发生脓疱、烂斑和痂垢。公羊阴茎鞘肿胀,阴茎鞘皮肤和阴茎上出现脓疱和溃疡。

（3）治疗措施

先清除发病部位的痂皮、脓疱皮，接着用 0.1％高锰酸钾溶液、5％硫酸铜溶液、明矾溶液等清洗创面，再用冰硼散粉末和水调成糊状，涂抹患部，隔日涂药 1 次，连用 2～3 次，至患部痂皮或结痂脱落；在病初和肉芽组织生长愈合阶段用 2％碘油药液涂抹，以减少对黏膜的刺激，保护新生组织，重者要用 5％浓度，每日早晚各 1 次，直至治愈为止。对继发感染体温升高的病羊，可用青霉素、链霉素配合利巴韦林肌内注射，每天 2 次，连用 3 天治疗效果更好。

碘油的配制：先将 2～5 克碘片倒入少许 70％～95％的酒精中溶解，再加入植物油配成 2％和 5％两种浓度。植物油常选用菜籽油、花生油或棉籽油，以花生油疗效最好。

（4）预防措施

①不从疫区引进羊只，如必须引进，应隔离检疫 2～3 周，并多次彻底消毒蹄部。

②避免饲喂带刺的草或在带刺植物的草场放牧。适时加喂适量食盐，以减少肉羊啃土、啃墙损伤皮肤、黏膜的机会。

③在本病流行地区，可使用与当地流行毒株相同的弱毒疫苗株作免疫接种。每年 3 月和 9 月各注射 1 次羊口疮弱毒细胞冻干疫苗，不论大小，每只羊口腔黏膜内注射 0.2 毫升，免疫期 1 年。

91. 炭疽病如何预防？

（1）流行特点

炭疽是人畜共患的急性、热性、败血性传染病。病羊是主要传染源，通过食入、饮入污染的饲料和水而感染，也可经呼吸道和吸血昆虫叮咬而感染，多发于夏季。

（2）临床症状

多为最急性。病羊突然发病，表现昏迷、眩晕、摇摆、倒地、呼吸困难、结膜发绀、全身战栗、磨牙，天然孔窍流出酱油状血液，且不易凝固，有的数分钟内发生死亡。慢性病例常出现兴奋不安、行走摇摆的现象，此种病羊是危险的传染源。

（3）预防措施

皮下注射无毒炭疽芽孢苗，接种 0.5 毫升，或注射第Ⅱ号炭疽芽孢苗 1 毫升。

92. 如何预防羊传染性胸膜肺炎？

（1）流行特点

羊传染性胸膜肺炎又称"烂肺病"，是由丝状霉形体引起的一种山羊特有的高度接触性传染病。其特征是高热、咳嗽、浆液性和纤维蛋白渗出性肺炎及胸膜炎症状。

（2）临床症状

①最急性。病羊体温升高，可达 41～42℃，精神沉郁，不

食,呼吸急促,随后呼吸困难,咳嗽,流浆液性鼻液,黏膜发绀,呻吟哀鸣,卧地不起,多于1～3天内死亡。

②急性。最常见。病羊体温升高,初为短湿咳,流浆液性鼻液,随后变为痛苦的干咳,流黏脓性铁锈色鼻液,高热不退,呼吸困难,痛苦呻吟,弓腰伸颈,腹肋紧缩(妊娠羊大批流产),最后倒卧,精神委顿,衰竭死亡,死前体温下降。病期1～2周,有的达3周以上。

③慢性。多见于夏季。病羊全身症状较轻,体温降至40℃左右,间有咳嗽、腹泻、流鼻液,身体衰弱,被毛粗乱。

（3）预防措施

①坚持自繁自养,不从疫区购羊。新引进的羊应隔离观察1个月,确认无病后方可混群。

②在疫区内,每年用羊传染性胸膜肺炎氢氧化铝苗进行预防注射。皮下或肌内注射,6个月龄以上5毫升,6个月龄以下3毫升。肉羊注射后14天产生免疫力,免疫期为1年。

③病菌污染的环境、用具等,均应用2％氢氧化钠溶液或10％含氯石灰溶液等彻底消毒。

（4）治疗措施

①氟本尼考,按每千克体重20毫克肌内注射,每2天1次。

②10％磺胺嘧啶钠注射液,按每千克体重0.5～1.0毫升皮下注射,或肌内注射,一日2～3次,连用2～3天。也可以用5％葡萄糖氯化钠注射液500～1 000毫升＋10％磺胺嘧啶

钠注射液 3～5 克＋维生素 C 10～52 克,静脉滴注,每日 2 次。

③病羊初期可用盐酸长效土霉素治疗,按每千克体重 20 毫克,皮下注射,每 48～72 小时注射 1 次;也可使用多西环素治疗,效果明显。

④用卡那霉素和鱼腥草注射液,肌内注射,剂量都是按每千克体重 0.1 毫升,每天 3 次,连用 3 天。

93. 如何防治羔羊肺炎?

(1)发病原因

此病多是感冒后没有及时治疗,病情继续发展,转为肺炎;或长途转运,饮水不足,气候突变,吸进大量灰尘引起的。

(2)临床症状

病羊表现精神迟钝,食欲减退,结膜红肿,体温升高到 40℃以上,咳嗽频繁,严重时呼吸困难,喘息,停食呆立或卧地不起。异物性肺炎往往导致死亡。

(3)预防措施

长途运输时要让羊饮足水,注意保温。投药时不要让羊头抬得过高,以免误投气管。

(4)治疗措施

用青霉素 40 万～80 万单位或链霉素 50 万～100 万单位,肌内注射,每天 2 次;或 20％磺胺嘧啶钠 20～30 毫升,口服,每日 2 次,连服 3~5 天;或清肺散 80 克,蜂蜜 50 克,用开水调匀后服下,每日 1 次,连服 3~5 天。

94. 肉羊寄生虫病的综合防治措施有哪些?

肉羊寄生虫病的防治和传染病一样,也应采取"预防为主,防重于治,防治结合"的方针。在制订防治措施时,要紧紧抓住造成寄生虫病发生和流行等的环节。

(1)控制和消灭传播源

及时治疗病羊,驱除和杀灭羊体内外的寄生虫。根据寄生虫生活史,定期有计划地进行预防性驱虫,防止病原体扩散。对有些保虫宿主、贮藏宿主,也要采用有效的防治措施。

(2)切断传播途径

要经常搞好羊舍(圈)场地和牧地的环境卫生,科学处理粪便。采用堆积发酵的方法杀死虫卵,消灭蚊蝇等昆虫。肉羊的三绦蚴病(脑包虫、棘球蚴、细颈囊尾蚴)的传染源是狼、狐、犬、猫等肉食动物,防治三绦蚴病就得对犬猫驱虫,消灭野犬,病死羊尸体不要随意丢弃,以防被狼、狐等吞食后再次传播本病。

(3)保护易感动物

搞好饲养管理,提高羊机体的抗病能力。采用药物喷洒的方法消灭传播寄生虫病的媒介。防止畜体受昆虫叮咬,最好在羊舍内装防虫纱窗等。感染某种寄生虫病后,要及时利用特效药物进行驱虫和对症治疗。

95. 如何对肉羊进行驱虫？

肉羊驱虫程序见表 5-2。

表 5-2　肉羊驱虫程序

项目	时间	药物	剂量、方法	备注
线虫	3～4 月、11～12 月	丙硫苯米唑	10～15 毫克/千克体重、内服	8 月龄内羔羊 1～1.5 个月驱虫 1 次
线虫	3～4 月、11～12 月	左旋咪唑	5～10 毫克/千克体重、内服	
绦虫、吸虫	3～4 月、11～12 月	吡喹酮	5～10 毫克/千克体重、内服	
绦虫	3～4 月、11～12 月	灭绦灵	20～50 毫克/千克体重、内服	
体内外寄生虫	6 月、11～12 月	伊弗米丁	0.02 毫克/千克体重、注射	每 60 天 1 次，1 周后重复 1 次
体内外寄生虫	随时可用	阿维菌素	0.2 毫克/千克体重、注射	

注意事项：

①驱虫后 3～5 天内，圈舍必须彻底清扫，粪便要堆积、密封发酵或烧毁。

②防治羊鼻蝇：每年秋季用 80% 敌敌畏乳液（1 毫升/米^3）在密闭的羊舍内熏蒸，每年夏秋季节用 1% 敌百虫喷搽羊鼻孔。

③养殖场（户）控制养犬或严禁羊与犬混养。

96.肝片吸虫病如何防治？

（1）发病原因

该病由肝片吸虫寄生于肝脏胆管内引起,表现为慢性或急性肝炎和胆管炎,同时伴发全身性中毒现象及营养障碍等症状。

（2）临床症状

急性型病羊初期发热,衰弱,易疲劳,离群落后;叩诊肝区半浊音界扩大,压痛明显;很快出现贫血、黏膜苍白、红细胞及血红素显著降低;严重者多在几天内死亡。慢性型病羊表现为消瘦,贫血,黏膜苍白,食欲不振,异嗜,被毛粗乱无光泽,且易脱落,步行缓慢;眼睑、颌下、胸下、腹下出现水肿,便秘与下痢交替发生;剖检可见肝脏肿大。

（3）预防与治疗

一般一年驱虫两次。阿苯达唑(抗蠕敏)为广谱驱虫药,剂量按每千克体重15～20毫克,口服。硝氯酚对灭杀成虫具高效,剂量为每千克体重4～5毫克,口服。碘醚柳胺驱除成虫和6～12周的未成熟肝片吸虫都有效,剂量为每千克体重7.5毫克,口服。肝蛭净注射液是肝片吸虫病的特效药。

97.如何防治脑棘球蚴病？

（1）病原

羊是多头绦虫的中间宿主,因吃下犬粪中的多头绦虫卵而受到感染。虫卵在羊体内发育为蚴虫,蚴虫移行至脑部,发育为囊状虫体,俗称脑棘球蚴病。

(2)临床症状

少数病羊初期表现为兴奋、无目的的转圈,易受惊吓,前冲或后退。大多数病羊初期神经症状不明显,但随着脑包虫逐渐长大,病羊精神沉郁,食欲减退,垂头呆立;虫体在脑部的寄生部位不同,出现的临床症状也不同,有的头偏向一侧做转圈运动,步态不稳,站立时四肢外展或内收,有的头向后仰,有的用头部抵物。在脑包虫感染后期,虫体寄生在脑部浅层的病羊,头骨往往变软,皮肤隆起。

(3)预防与治疗

第一,不要让犬吃患有脑包虫的羊脑,定期给犬驱虫,驱虫后,对犬粪便集中处理;第二,手术治疗,摘除病羊脑内的虫体;第三,药物治疗,可用吡喹酮进行治疗。

98.如何防治疥癣?

(1)病原

本病又叫螨虫病、疥虫病等,由疥螨和痒螨寄生于皮肤而引起的慢性寄生虫性皮肤病,具有高度传染性。

(2)临床症状

病羊出现奇痒,不断在圈墙、栏柱等处摩擦;阴雨天、夜间、通风不好的圈舍及病情加重,都使病羊的痒觉表现更为剧烈,继而皮肤出现丘疹、结节;之后形成痂皮和龟裂。肉羊患疥螨病时,病变主要局限于头部,如干涸的石灰。肉羊感染痒螨后,患部有大片被毛脱落。病羊终日啃咬、摩擦患部,烦躁不安,影响正常的采食和休息,日渐消瘦,最终因极度衰竭而死亡。

（3）预防措施

每年定期对羊进行药浴,可取得预防与治疗的双重效果;加强检疫工作,新调入的羊应隔离检查后再混群;保持圈舍卫生、干燥和通风良好,并定期对圈舍和用具清扫和消毒;对可疑羊隔离饲养,对病羊应及时治疗。

（4）治疗措施

在每年春(剪毛后)、秋季节进行两次药浴。药浴药品可选用螨净、蝇毒磷、辛硫磷等。对于冬季发生的病羊,可用伊维菌素进行治疗,轻度感染的治疗 1 次,中度和重度感染的要治疗 2～3 次,每次间隔 1 周。涂药可用克辽宁搽剂,搽剂用克辽宁 1 份、软肥皂 1 份、酒精 8 份调和即成。

99. 如何治疗腐蹄病?

（1）病因

腐蹄病主要发生在阴雨连绵的潮湿季节。

（2）临床症状

病羊出现跛行,患蹄肿大,行走困难,严重者蹄部化脓,蹄壳脱落,有的患部生蛆。病羊食欲下降、休息不好,呈渐进式消瘦。

(3)预防措施

不在低洼潮湿地放牧,圈舍要勤起勤垫,保持干燥。如果日粮中缺硒、铜、锌、碘等微量元素也会引发该病,所以可以用含多种微量元素的盐砖让羊舔食以预防该病。

(4)治疗措施

病初期可用10%硫酸铜溶液浸泡患蹄,每次20～30分钟,每日早晚各1次。化脓蹄子用刀挖除坏死部分,再用0.1%高锰酸钾溶液冲洗,然后涂消炎粉或软膏。

100. 肉羊瘤胃臌气是怎么回事?

(1)临床症状

肉羊吃了易发酵的饲料,如幼嫩的青草或开花苜蓿等,使胃部产生大量气体,引起瘤胃臌胀。根据病程分急性和慢性。腹围增大,左肷部明显,触诊有弹性,叩诊为鼓音,听诊蠕动音亢进或减音,有时为金属音,腹痛,回头顾腹,摇尾,站立不安,出汗,不吃不喝,不反刍,结膜发绀,眼球突出,脉快而弱,体温正常,严重的常窒息死亡。

(2)预防措施

①不过量喂给肉羊易发酵和产气的草料,禁喂霉败变质的饲料。春天青草刚出芽,放牧前要先喂羊少量的干草。

②彻底清除牧地的毒草,如毒芹、毛茛和乌头等。

(3)治疗措施

治疗措施为排气、减压、制酵、通便、补液、解毒等。

①排气。让病羊呈前高后低的站姿,将鱼石脂涂在短木棒上,横放在病羊口内两边固定。严重时,特别是有窒息的危险时,要立即对瘤胃穿刺放气。于左侧肷部的髋结节至最后肋骨一平行线的中点处,先局部剪毛消毒,再用外科刀将皮肤切一小口,将羊的套管针垂直刺入瘤胃,抽出针芯有气体排出。但不要一次排空,要间断排气,以防引起病羊缺氧性休克。

②制酵。每千克体重用 0.5～0.8 克氧化镁加入水溶解后口服。也可将 20～30 片消炎片研磨成粉,加水溶解后一次口服。

③导泻。液状石蜡 30～100 毫升、鱼石脂 3 克、酒精 10 毫升,加水内服。

④输液解毒。根据需要可用等渗糖盐水 200～500 毫升、小苏打 10 毫升、安钠咖 2 毫升,混合后给羊静脉注射。

⑤护理。绝食 1～2 天的羊,喂少量温盐水。羊恢复后有食欲时,先喂其少量优质干草。

101. 瘤胃积食如何防治?

(1)发病原因

给羊喂过量适口性强的饲料,如新鲜青草、块根(茎)类饲料和精饲料等;饲养方式变换过急,由舍饲突然转为放牧,或

由放牧突然转为舍饲,剧烈的变换饲料使羊不适应;长时间的运动不足,降低羊消化功能,都是瘤胃积食的原发性因素。

（2）临床症状

羊采食过量饲料后不久即出现症状,不愿行动,精神沉郁,腹围增大,左腹部隆起,有腹痛感,反刍减少或停止,嗳出恶臭味的气体,有呻吟声。触诊瘤胃可感到内容物坚实,拳压有压痕,叩诊呈浊音,若继发鼓胀,则有膨音。发病初期瘤胃蠕动音增加,后期减少或消失。鼻镜干燥,呼吸、脉搏均增快,结膜潮红。病后期,瘤胃内容物腐败分解并产生有毒物质,可引起羊中毒。此时病羊四肢发抖,常卧地呈昏迷状态。

（3）治疗措施

轻者绝食 1～2 天,勤给饮水,按摩瘤胃,每次 10～15 分钟,可自愈。

①用盐类和油类泻剂配合后灌服,如硫酸镁 50 克和液状石蜡 80 毫升或加水溶解内服。

②5%氯化钠溶液 50～100 毫升,静脉注射,对加强瘤胃活动有良好的作用。

③注射强心药,可用 10%安钠咖 1～2 毫升或 20%樟脑水 3～5 毫升皮下或肌内注射。

④若瘤胃内容物多而坚硬,一般泻药不易奏效,应及早进行瘤胃切开术,取出胃内食物。

（4）预防措施

喂适口性强的饲料时,要限制数量,由少渐多。

102. 尿结石症的发病原因及治疗方法是什么?

(1)发病原因

3～5月龄羔羊和种公羊易发生尿结石病。母羊的尿结石能通过扩张的尿道,而公羊尿道有弯曲,不仅尿道不易扩张,而且结石还会在弯曲处沉积,造成排尿障碍,如治疗不及时易引起尿毒症或膀胱破裂而死亡。发生原因是日粮中钙磷比例不平衡所致。日粮中磷过多时,会促进磷酸钙从尿液中排出,易在膀胱和尿道内形成结石。

(2)临床症状

病羊出现尿滴淋,频频出现排尿姿势,弓腰疼痛不安,腹围增大,不时起卧,食欲废绝。

(3)治疗措施

中药药方:金樱子10克、竹叶10克、智母10克、黄柏10克、泽泻8克、双花10克、黄芪10克、桃仁5克、甘草6克,共研细末后冲水灌服,每天1剂,连服3天。如果是群体发生结石,可将日粮钙磷比例调整到2:1或稍高一点更好,但不能低于1.5:1;如果调整到3:1,对公羊是没有问题的,但妊娠后期母羊会产生低血钙症,对泌乳母羊来说,会有发生产乳热的危险。

103. 如何防治羔羊白肌病？

（1）发病原因

羔羊白肌病又称肌营养性不良症，是由于饲料中硒和维生素E等缺乏而引起的，以2～6周龄羔羊的骨骼肌、心肌纤维及肝组织等发生变性、坏死为主要特征的疾病。本病的发生主要是饲料中硒和维生素E缺乏，或饲料内钴、锌、银、钒等微量元素含量过高而影响羊对硒的吸收。冬天和早春缺乏青绿饲料时，母乳中缺少微量元素硒，易引发本病。

（2）临床症状

病羊表现精神委顿，食欲减退，常有腹泻。黏膜苍白，有的发生结膜炎。运动无力，站立困难，卧地不起，出现血尿，心律不齐，脉搏150～200次/分。有时病羊发生强直性痉挛，随即呈现麻痹状，于昏迷中死亡。有的羔羊病初不见异常，往往在放牧过程中因惊动而剧烈运动，或过度兴奋而突然死亡。

（3）防治措施

①加强母羊饲养管理，饲料中供给豆科牧草，日粮中增加燕麦或大麦芽，补给磷酸钙，亦可拌入富含维生素E的植物油，如棉麻籽油、菜籽油。

②母羊产羔前补硒，分娩前2～3个月皮下或肌内注射0.1%亚硒酸钠-维生素E复合制剂5毫升，隔4～6周再注射1次。

③羔羊出生后1～3天皮下或肌内注射0.1%亚硒酸

钠-维生素 E 复合制剂 1～2 毫升,15 天后再注射 1 次,以后每隔 4～6 周注射 1 次,直至断奶后 2 个月,可很好地控制本病的发生。

④病羊肌内注射 0.1%亚硒酸钠-维生素 E 复合制剂,每只羔羊 2 毫升,间隔 2～3 天再注射 1 次;同时,补饲精饲料和添加多维、微量元素添加剂。

104. 如何防治羊乳腺炎?

(1)发病原因

乳腺炎是由于病原微生物感染而引起乳腺、乳池和乳头发炎,进而导致乳汁理化特性发生改变的一种疾病。该病多见于挤乳技术不熟练,损伤了乳头、乳腺体;或因挤乳工具不卫生,使乳腺受到细菌感染所致;亦可见于结核病、口蹄疫、子宫炎、脓毒败血症等过程中。

①病原感染。主要有葡萄球菌、链球菌、大肠杆菌、化脓性棒状杆菌、结核杆菌、放线菌和口蹄疫病毒等,通过乳头管侵入乳房,而感染发病。某些传染病如布鲁氏菌病等,也常伴发乳腺炎。

②机械性损伤。乳房遭受摩擦、击打、挤压、刺划等机械性的作用,或羔羊吃奶时用力冲撞、咬伤乳头等,也可引起本病的发生。

③饲养管理不当。如徒手挤乳方法不当,造成乳房损伤;挤乳前乳房清洗或挤乳员手部消毒不彻底;垫草更换不及时

等都会使乳头感染。

④诱发因素。如泌乳期饲喂过多精饲料使乳腺分泌功能过强,应用激素治疗生殖器官疾病而引起的激素平衡失调等。

（2）临床症状

按病程可分为急性和慢性两种。

①急性乳腺炎。患病乳区肿大、发热、发红、发硬,疼痛反应明显。重症时,乳汁可呈淡黄色水样或带有红色水样黏液,乳汁中含有大量乳腺上皮细胞。后期,呈现纤维素性乳腺炎或化脓性乳腺炎,泌乳量减少或挤出少量带有血液或脓液的乳汁,患病羊急剧消瘦,常因败血症而死亡。

②慢性乳腺炎。多由急性乳腺炎未彻底治愈而转成。患病乳区组织弹性降低、僵硬,触诊乳房时,可发现大小不等的硬块,乳汁稀薄,泌乳量显著减少,乳汁中混有粒状或絮状凝块。

（3）预防措施

①改善羊圈的卫生条件,及时清除圈舍污物,定期消毒圈舍和运动场,保持圈舍的清洁和干燥。对病羊要隔离饲养,单独挤乳,防止病原扩散和传播。

②每次挤奶前要先用温水将乳房及乳头洗净并认真按摩,再用干毛巾擦干。挤乳时用力均匀并尽量挤净乳汁,挤完乳后,可用0.05%新洁尔灭溶液擦拭乳头。

③分娩前若乳房过度肿胀,应减少精饲料及多汁饲料。分娩后,若乳房过度肿胀,应控制饮水、适当增加运动和挤

乳次数。

（4）治疗方法

根据病情选择局部疗法或全身疗法。

①局部疗法。向乳房内注入药液：于挤净乳汁及分泌物的乳房内慢慢注入青霉素 40 万单位,0.5%普鲁卡因溶液 5 毫升,每日 1～2 次。乳房封闭法：用青霉素 40 万单位溶于 5～10 毫升 0.25%～0.5%普鲁卡因溶液中,分 2～3 个注射点,直接注入乳房基部的疏松结缔组织内,进行环形封闭。冷敷、热敷及涂搽刺激剂：用 10%硫酸镁溶液 1 000 毫升,加热至 45℃,每日外洗、热敷 1～2 次,连用 4 次。对化脓性乳腺炎开口于乳房深部的脓肿,宜向乳房脓腔内注入 0.02%呋喃西林溶液或 3%过氧化氢溶液或 0.1%高锰酸钾溶液,冲洗脓腔,引流排脓。

②全身疗法。暂时降低母羊泌乳次数,减少精饲料喂给量,少喂多汁饲料,限制饮水,等乳腺炎病情好后再给予正常的饲喂。在母羊体温升高时,应用磺胺类药物内服或新霉素、土霉素等药物静脉注射,以消除炎症。

105. 怎样无害化处理病、死羊?

（1）销毁

经确认为炭疽、羊快疫、羊肠毒血症、肉毒梭菌中毒症、羊猝狙、蓝舌病、口蹄疫、钩端螺旋体病、李氏杆菌病、布鲁氏菌病等传染病的整个羊尸体,必须销毁。可采用湿法化制(熬制工业用油)、焚毁炭化的方法予以销毁。

（2）深埋

上述传染病以外的其他传染病、中毒性疾病、囊虫病及自行死亡或不明原因死亡的肉羊尸体,须选择偏僻的地方深埋处理。

106. 如何识别病羊?

（1）观察被毛

健康羊膘满肉肥、体格强壮、被毛发亮。病羊则体弱、被毛粗糙、蓬乱易折、暗淡无光。

（2）观察眼神

健康羊眼睛明亮有神、听觉灵敏,听从放牧召唤,吃草时抢食。病羊精神萎靡、不愿抬头、视力减弱、流鼻涕、流眼泪、行走缓慢,重症者离群掉队。

（3）观察鼻镜

健康羊鼻镜湿润、光滑、常有微细的水珠。病羊鼻镜干燥、不光滑、表面粗糙。

（4）观察反刍与嗳气

一般羊在采食后,休息 30～50 分钟,便可进行第一次反刍。反刍是健康羊的重要标志,每个食团要咀嚼 50～60 次,每次反刍持续 30～60 分钟,24 小时内反刍 4～8 次。反刍后,可将胃内气体从口腔排出体外,即嗳气。健康羊嗳气

10～12 次/时。病羊反刍与嗳气次数减少、无力,甚至停止。

（5）观察皮肤颜色

肉羊的毛底层或腋下等部位皮肤呈粉红色,苍白或潮红,则是病征。

（6）观察体温

体温是羊健康与否的"晴雨表"。山羊正常体温是 37.5～39℃,绵羊体温是 38.5～39.5℃,羔羊比成年羊高 1℃。如果发现羊精神失常,可用手触摸羊角的基部或测量肛门体温,超过正常体温 0.5℃以上即是病征。

（7）观察结膜

健康羊眼结膜呈鲜艳的淡红色。结膜苍白,可能是贫血、营养不良或感染寄生虫导致的;结膜潮红,有可能是发炎或患急性传染病导致的;结膜发绀,呈暗紫色,多是病情严重了。

（8）观察呼吸

将耳朵贴在羊胸部肺区,可清晰听到肺的呼吸音。健康羊每分钟呼吸 10～20 次,能听到间隔匀称、"嘶嘶"的肺呼吸音。病羊则有"呼噜、呼噜"、节奏不齐的拉风箱似的肺音。

（9）观察心跳

健康羊的脉搏,成年羊每分钟 70～80 次,羔羊为 100～130 次,心音清晰,心跳均匀、搏动有力、间隔均匀;病羊心音强弱不匀、搏动无力。

（10）观察粪便

健康羊的粪便呈椭圆形粒状,成堆或呈链条状排出,粪球表面光滑较硬。病羊若患寄生虫病,多出现软便,呈褐色或浅褐色,有异臭;重者带有黏液排出,因粪便黏稠,多黏在肛门及尾根两侧,长期不掉。

第六章

肉羊的屠宰加工

107. 肉羊如何屠宰?

(1)宰杀放血

将羊固定在宰羊的槽形凳上,用尖刀在下颌角附近刺透颈部割断颈动脉血管,并挑断气管,充分放血,应避免刺破食管。放血是否完全会影响羊肉品质。放血完全的胴体,不但色泽鲜亮、肉味鲜美,而且因含水量较少,更耐保藏。放血不完全的胴体,色泽不佳、肉味不美,容易腐败变质。一般放出的血量约占活体重的 3.5%。

(2)剥皮

剥皮时,可将羊四肢朝上放在清洁平整的地面上,也可将尸体倒挂在横梁上,剥皮时先用刀沿挑开的皮层向内剥

开 5～10 cm，然后用拳揣法将整个羊皮剥下。剥皮时要防止人为伤残毛皮，否则将降低毛皮的使用价值。

（3）开膛解体

剥皮后将躯体从枕环节处切断、去头。前肢至桡骨以下，后肢至胫骨以下去蹄。然后顺腹中线开膛，除留肾及肾周围脂肪外，全部内脏出膛，胴体静置 30～40 min 后称重。

（4）同步卫检

这是羊屠宰加工工艺中的重要工序，胴体与内脏分别同步送检，检查羊内脏有无病变，确保肉的质量。

（5）冷却排酸

冷却间的温度一般为 0～4℃，空气相对湿度 75％～84％，冷却后的胴体中心温度不高于 7℃，一般冷却 24 小时。应使屠宰后的羊胴体迅速冷却，同时排空血液及占体重 18％～20％的体液，从而减少有害物质的含量，食用更安全。

（6）胴体修整

割去生殖器、腺体，分离肾脏，保持胴体整洁卫生。

108. 肉羊胴体一般分割成几部分？

肉羊胴体大致可分割成八大部分。将胴体从中间切成两片，各包括前躯肉及后躯肉两部分。前躯肉与后躯肉的分切界限是在第十二与第十三肋骨之间，即在后躯上保留一对肋骨。前躯肉包括肋肉、肩肉和胸肉，后躯肉包括后腿肉及腰肉。肉羊胴体上最好的肉为后腿肉和腰肉,其次为肩肉,再次为肋肉和胸肉。

①后腿肉:从最后腰椎处横切。

②腰肉:从第十二对肋骨与第十三对肋骨之间横切。

③肋肉:从第十二对肋骨处至第四与第五对肋骨间横切。

④肩肉:从第四对肋骨处起,包括肩胛部在内的整个部分。

⑤胸肉:包括肩部及肋软骨下部和前腿肉。

⑥腹肉:整个腹下部分的肉。

109. 肉羊胴体分级标准是什么?

(1)成年羊胴体分级标准

①特等级胴体:胴体重 25～30 千克,背部脂肪厚 0.8～1.2 厘米,腿、肩、背部脂肪丰富,肌肉不显露,大理石状花纹丰富,肌肉深红色,脂肪乳白色。

②优等级胴体:胴体重 22～25 千克,背部脂肪厚 0.5～0.8 厘米,腿、肩部覆有脂肪,腿部肌肉略显露,大理石花纹明显,肌肉深红色,脂肪白色。

③良好级胴体:胴体重 19～22 千克,背部脂肪厚 0.3～0.5 厘米,腿、肩、背部覆有薄层脂肪,腿、肩部肌肉略显露,大理石花纹略显,肌肉深红色,脂肪黄色。

④可用级胴体:胴体重 16～19 千克,背部脂肪厚 0.3 厘米以下,腿、肩、背部的脂肪覆盖少,肌肉显露,无大理

石花纹,肌肉深红色,脂肪黄色。

(2)羔羊胴体分级标准

①特等级胴体:胴体重 20～22 千克,背部脂肪厚 0.5～0.8 厘米,腿、肩、背部覆有脂肪,肌肉略显露,大理石花纹明显,肌肉红色,脂肪乳白色。

②优等级胴体:胴体重 17～19 千克,背部脂肪厚 0.3～0.5 厘米,腿、肩、背部覆有薄层脂肪,腿、肩膀部肌肉略显露,大理石花纹略显,肌肉红色,脂肪白色。

③良好级胴体:胴体重 15～17 千克,背部脂肪厚 0.3 厘米以下,腿、肩、背部脂肪覆盖少,肌肉显露,无大理石花纹,肌肉红色,脂肪浅黄色。

④可用级胴体:胴体重 9～15 千克,背部脂肪厚 0.3 厘米以下,腿、肩、背部脂肪覆盖少,肌肉显露,无大理石花纹,肌肉红色,脂肪黄色。

(3)肥羔胴体分级标准

①特等级胴体:胴体重 16 千克以上,脂肪含量适中,大理石花纹略显,肌肉浅红色,脂肪乳白色。

②优等级胴体:胴体重 13～16 千克,脂肪含量适中,无大理石花纹,肌肉浅红色,脂肪白色。

③良好级胴体:胴体重 10～13 千克,脂肪含量略差,无大理石花纹,肌肉浅红色,脂肪乳浅黄色。

④可用级胴体:胴体重 7～10 千克,脂肪含量差,无大理石花纹,肌肉浅红色,脂肪浅黄色。

110. 羊肉如何保鲜和贮藏?

（1）羊肉保鲜

羊肉的腐败变质主要是由肉中的酶及微生物使蛋白质分解以及脂肪氧化而导致的。羊肉保鲜主要针对以上腐败因素,采用不同的方法杀死腐败微生物并抑制其在羊肉中的生长繁殖,控制脂肪氧化,从而达到保鲜的目的。羊肉保鲜技术主要有涂膜保鲜技术、可食用包装膜保鲜技术、新含气调理保鲜技术、防腐保鲜剂保鲜技术和真空冻干保鲜技术等。

（2）羊肉贮藏

肉羊屠宰后,胴体组织很快会凝固,形成尸体的僵硬状态,经过 3～4 小时后,肌肉变成酸性,肉质柔软,剖面颜色由最初的鲜红变成淡棕红色,这种变化称为鲜肉的自溶作用,之后又变为碱性,即腐败作用开始。若不注意保存,羊肉便腐败而不能食用。羊肉的贮藏方法很多,主要有冷却贮藏法、冷冻贮藏法、二氧化碳气体贮藏法、辐射贮藏法、热处理贮藏法、真空贮藏法、充气(氮气)包装贮藏法、干燥贮藏法和盐渍贮藏法等。目前,低温贮藏法是原料肉贮藏的最好方法之一。这种方法不会引起动物组织的根本变化,却能抑制微生物的生命活动,可以较长时间保持肉的品质。

参 考 文 献

1. 赵有璋. 现代中国养羊[M]. 北京:金盾出版社,2005.

2. 田可川. 绒毛用羊生产学[M]. 北京:中国农业出版社,2015.

3. 田可川. 中国现代农业产业可持续发展战略研究—绒毛用羊分册[M]. 北京:中国农业出版社,2016.

4. 田可川,刘长春. 绒山羊养殖技术百问百答[M]. 北京:中国农业出版社,2012.

5. 田可川. 绒毛用羊生产实用技术手册[M]. 北京:金盾出版社,2014.

6. 田可川,刘长春. 细毛羊养殖技术百问百答[M]. 北京:中国农业出版社,2012.

7. 张果平. 肉羊产业先进技术全书[M]. 济南:山东科学技术出版社,2012.

8. 张果平. 肉羊养殖专家答疑[M]. 济南:山东科学技术出版社,2013.

9. 王元兴,郎介金. 动物繁殖学[M]. 江苏:江苏科学技术出版社,1993.

10. 王惠生,陈海萍. 奶山羊科学饲养新技术[M]. 北京:中国农业出版社,2005.

11.赵兴绪.羊的繁殖调控[M].北京:中国农业出版社,2008.

12.毛怀志,岳文斌,冯旭芳,等.绵、山羊品种资源及利用大全[M].北京:中国农业出版社,2006.

13.岳文斌,杨国义,任有蛇,等.动物繁殖新技术[M].北京:中国农业出版社,2003.

14.罗军.奶山羊疾病防治技术[M].济南:山东科学技术出版社,2009.

15.黄永宏.肉羊高效生产技术手册[M].上海:上海科学技术出版社,2003.

16.郭志勤.家畜胚胎工程[M].北京:中国科学技术出版社,1998.

17.马全瑞.奶山羊生产技术问答[M].北京:中国农业大学出版社,2003.

18.郭秀清.奶山羊生产技术指南[M].北京:中国农业大学出版社,2003.

19.李建文,王惠生,罗军,等.奶山羊高效益饲养技术[M].北京:金盾出版社,2009.

20.国家畜禽遗传资源委员会组编.中国畜禽遗传资源志·羊志[M].北京:中国农业出版社,2011.

21.王建辰,章孝荣.动物生殖调控[M].合肥:安徽科学技术出版社,1998.

22.王金文.小尾寒羊种质特性与利用[M].北京:中国农业大

肉羊生产技术问答

学出版社,2010.

23.王锋,王元兴.牛羊繁殖学[M].北京:中国农业出版社,2003.

24.王金文.肉用绵羊舍饲技术[M].北京:中国农业科学技术出版社,2010.

25.赵有璋.羊生产学[M].北京:中国农业出版社,1995.

26.PUGH D G.绵羊和山羊疾病学[M].赵德明,韩博译.北京:中国农业大学出版社,2004.